L'ORIENT ANCIEN ET NOUS

Bibliothèque Albin Michel
Idées

JEAN BOTTÉRO
CLARISSE HERRENSCHMIDT
JEAN-PIERRE VERNANT

L'Orient ancien
et nous

L'écriture, la raison, les dieux

Albin Michel

Collection « *La Chaire de l'IMA* »
de l'Institut du Monde Arabe
dirigée par François Zabbal

ISBN 2-226-08729-X
ISSN 1158-4572

Avant-propos

par François Zabbal

Cet ouvrage porte sur l'héritage mésopotamien ; plus précisément, sur trois des inventions majeures de la société née, au IVᵉ millénaire avant notre ère, de la rencontre entre Sumériens et Akkadiens sur le sol de l'Iraq actuel. L'écriture y est étudiée dans ses relations avec les formes de pensée et de religiosité qu'elle induit, dès son apparition et lors de son adoption par d'autres peuples : les Sémites de Syrie qui la font évoluer vers l'alphabet, et les Grecs qui la portent à son perfectionnement en y ajoutant les voyelles. Au terme d'une longue évolution, ce sont la raison — ou les raisons, selon l'expression de Jean-Pierre Vernant — et les religions universelles qui se révèlent tributaires de l'écrit, susceptibles de fonder des normes généralisables et décontextualisées [1].

Au rebours d'une quête des origines, qui privilégierait les processus de transmission, il est question ici des configurations historiques particulières de ces trois inventions dans quelques-unes des cultures qui les ont recueillies, adoptées ou transformées, chacune exploitant à sa manière, en fonction de ses conditions matérielles, sociales et culturelles, un legs commun. On ne trouvera donc pas ici les étapes d'une

---

1. Cf. Jack Goody, *La Logique de l'écriture. Aux origines des sociétés humaines*, Armand Colin, 1986, p. 24.

7

évolution qui serait couronnée par la raison grecque et le monothéisme juif. Car, si la preuve a été progressivement apportée de la paternité mésopotamienne de la civilisation, tout au moins dans la partie occidentale du Vieux Monde, ses ramifications, nombreuses et vivaces, n'ont pas toutes versé dans un courant unique qui en aurait recueilli la substance et rejeté les scories. Celles-là n'ont cessé, au contraire, de se transformer, croître ou fusionner en de nouvelles symbioses. Ainsi les idées mésopotamiennes ont-elles diffusé, à l'égal des produits et des techniques, tout à la fois vers l'est, dans les territoires perses, et vers l'ouest, en direction de la Syrie et, au-delà, de la Grèce. Adoptées et modifiées par les cultures achéménide, araméenne, israélite et grecque, tantôt elles subiront des mutations plus ou moins radicales, tantôt elles demeureront en l'état, pour réapparaître çà et là en courants de pensée, mythes ou croyances.

Que les deux entités artificiellement baptisées « Orient » et « Occident » en aient hérité ne signifie nullement que deux seuls grands rameaux seraient surgis de la même civilisation née, il y a près de six mille ans, en Mésopotamie, et auraient poursuivi, en solitaires, leur chemin. Comme toujours en histoire, la question des origines et des filiations réserve des surprises à qui veut bien se déprendre d'une vision idéologique de l'identité culturelle. Derrière l'Occident, on découvrirait ainsi nombre d'héritages islamiques. Quant à l'Islam, à quoi l'on veut réduire l'Orient, ne cèle-t-il pas en lui-même bien des tensions entre son Orient et son Occident, sans compter qu'il a eu à connaître, à l'extérieur, de vénérables « Orients » : l'Inde et la Chine ? Voudrait-on, à tout prix, dégager l'essence des civilisations et dater les grandes bifurcations de leur histoire, en s'appuyant sur les peuples, les cultures et les empires, que divergences et antagonismes se déroberaient, pour peu que l'on prête attention à la circulation des idées, des techniques, des institutions. Chercherait-on, au contraire, à isoler les éléments constitutifs de « l'Occident » depuis la plus lointaine Antiquité, et en reconstituer les voies de transmission jusqu'à l'orée des Temps modernes, que l'on se heurterait, pour chaque époque, à des formes composites, impures, résultant d'élaborations nouvelles.

À considérer les héritiers directs de la Mésopotamie, ils paraissent, au long de son histoire plurimillénaire, bien nombreux et divers. Et, pour autant que la documentation lacunaire le révèle, les échanges et les croisements se montrent incessants entre cultures différentes. Si la présence de Sémites ne se dément pas dans tout le Croissant fertile, des populations indo-européennes ou d'origine inconnue continuent d'affluer ou de se manifester sur ses abords immédiats. Certaines disparaissent sans laisser de traces notables ; d'autres, inégalement documentées, sont absorbées par de nouveaux peuples, non sans avoir tiré profit de la Mésopotamie : les Élamites — que Clarisse Herrenschmidt étudie ici —, ses voisins du Sud-Est, peu à peu envahis, à la fin du – IIe millénaire par des Iraniens, et les Hittites d'Asie Mineure, indo-européens comme eux. Mais toutes participent, à quelque titre, de la même civilisation, par les échanges commerciaux, les invasions pacifiques ou guerrières et les conquêtes. La diffusion de l'écriture cunéiforme, inventée en Mésopotamie, l'atteste, de même que les fragments de la riche mythologie qui ont inspiré les rédacteurs de la Bible et qui furent connus des Grecs.

À l'issue de l'histoire de la Mésopotamie, après la chute de l'Assyrie et, plus tard, entre les mains de Cyrus le Grand, de la Babylonie, les principaux acteurs qui occuperont la scène, hormis les Parthes, jusqu'à l'avènement de l'Islam se trouvent en place au Ier millénaire avant notre ère : les Iraniens, une première fois avec l'Empire achéménide (550-330 av. J.-C.) qui tombe sous les coups d'Alexandre le Grand, et une deuxième fois avec les Sassanides (226-651 apr. J.-C.) ; les Grecs, auxquels les royaumes hellénistiques, puis gréco-romains assureront une présence durable et une influence capitale dans tout le Moyen-Orient ; et enfin les Araméens, par quoi l'on désigne des peuples sémitiques qui ont fondé, au – IIe millénaire, en Syrie, des royaumes, dont celui de Damas, le plus connu grâce au témoignage de la Bible.

9

Ainsi, à la veille de l'Islam, trois grandes cultures, millénaires, l'une sémitique, les autres indo-européennes, imprègnent l'ensemble de la région et continuent de le faire de concert pendant les premiers siècles de l'Islam. Pour autant, la personnalité de chacune d'elles n'a cessé de s'affirmer par-delà les symbioses nouvelles, y compris au sein des religions universelles. En témoignent la renaissance de la culture iranienne sous l'Islam, à partir du Xe siècle de notre ère, ainsi que la persistance, jusqu'au IXe siècle, du fonds araméen, exprimé en langue syriaque, rameau de l'araméen adopté par les schismes nestoriens et jacobites et par lequel ceux-ci firent passer en arabe une grande part de l'héritage philosophique et scientifique grec. Quant à ce dernier, les siècles d'hellénisation du Moyen-Orient le mettaient à portée de main, sans qu'il fût besoin d'aller le cueillir ailleurs que dans les écoles de philosophie et de théologie qui perpétuaient son enseignement après la conquête musulmane.

Les Araméens, et plus généralement les Sémites occidentaux, auraient donc mérité ici un développement particulier, qui en aurait éclairé la voie singulière, différente de celle des Sémites orientaux que nous présente Jean Bottéro. Car, dans l'optique mésopotamienne, ce sont eux qui constituent l'intermédiaire le plus direct avec les Sémites méridionaux, ceux de la péninsule arabique d'où sont issus les Arabes, et avec la culture arabo-musulmane, devenue au VIIIe siècle la grande culture d'empire que l'on sait, avant de céder du terrain devant la persane et la turque. De fait, la langue arabe apparaît comme l'héritière du millénaire araméen, puisqu'elle se coule dans le même moule et va jusqu'à absorber des pans entiers de son lexique. La culture araméenne avait connu son plus grand essor après l'annexion des royaumes de Syrie par les Assyriens (Damas est prise en −732), suivis des Babyloniens et, après −538, des Perses achéménides. L'araméen avait adopté des Phéniciens le système alphabétique et, fort de cette simplification, était devenu la langue internationale du Moyen-Orient, renforcée dans ce statut par les Perses achéménides. Il se substitue à tous les parlers sémitiques du Croissant fertile et élimine les sémitiques orientaux : l'assyrien et le babylonien, comme le fera plus tard l'arabe pour de multiples parlers sémitiques. C'est l'écriture araméenne qui est à l'origine de l'hébreu dit « carré » et, par l'intermédiaire du nabatéen, de l'écriture arabe.

C'est donc par l'écriture que l'arabe peut être rattaché à l'araméen et, au-delà, à la Mésopotamie, par certains traits de l'écriture cunéiforme que décrit Jean Bottéro. Plus sûrement que les mythes et la religion, à peine documentés pour la péninsule Arabique avant l'Islam, puisque les stèles ne comportent souvent que de brèves dédicaces, et jamais des récits aussi riches que ceux découverts dans le sous-sol de l'Iraq et de l'Iran. L'enquête menée dans cet ouvrage sur les relations entre l'écriture, la raison et la religion ne peut donc avoir d'équivalent pour le domaine arabe pré-islamique. Par contre, elle se justifie pleinement pour la période islamique. Il suffit, pour s'en convaincre, d'évoquer la place centrale occupée par l'écrit dans le dogme musulman. Nulle part ailleurs une théologie des « religions du Livre » ne fut pareillement développée autour des idées de texte incréé et de falsification des révélations antérieures.

En réalité, des deux rameaux de la civilisation mésopotamienne, l'occidental se trouve aujourd'hui en meilleure position pour défricher son passé. Près de deux siècles de découvertes archéologiques, de déchiffrements et d'analyses lui ont permis de conquérir des pans toujours plus vastes de sa propre histoire, et de restituer, au passage, le propre passé de l'Orient. Bien avant l'archéologie biblique, l'exploration du Moyen-Orient par des voyageurs européens recomposait ce que le XIXᵉ siècle nommait « la géographie sacrée ». La recherche des sites de la Bible, après ceux de la civilisation gréco-romaine, s'accompagna petit à petit d'enquêtes chez les nomades arabes, censés fournir une image de l'état des Hébreux avant Israël.

Le résultat inattendu des fouilles archéologiques fut de voir reculer le passé de plusieurs millénaires et d'ébranler le mythe des deux origines ultimes de l'Occident : la Grèce et la Bible. Jean Bottéro a dit ailleurs[1] les conséquences incalculables des découvertes de l'assyriologie sur la vision du passé et Jean-Pierre Vernant a montré comment la raison positive des Grecs ne s'est pas constituée *ex nihilo*, mais à partir des mythes cosmogoniques empruntés à la Mésopotamie.

Cette idée d'une source « orientale » de l'Occident, qui rencontre bien des résistances, continue de faire son chemin. Il n'est pas certain, pourtant, qu'elle triomphe tant l'idéologie des origines demeure imperméable aux faits avérés par la science historique. On peut douter, en outre, qu'elle se suffise d'une investigation univoque. Et peut-être faut-il se demander, en effet, si la conquête indéfiniment poursuivie par l'Occident de son propre passé et de celui des autres civilisations ne doit pas s'accompagner d'une recherche similaire, par celles-ci, de leurs origines.

On en est bien éloigné avec l'Orient, en dépit de la présence incontournable, sur le sol même du Moyen-Orient, des vestiges anciens et de la prise en charge croissante des fouilles archéologiques par les nouveaux États. En réalité, le passé lointain, rehaussé par les monuments prestigieux, est souvent mis au service d'idéologies nationalistes, dans le temps où l'on continue de tenir l'avènement de l'Islam comme un moment fondateur sans antécédent, sinon l'ethnie sublimée des Arabes. Il n'est pas sûr, cependant, que le dogme religieux soit seul responsable de cette vision réductrice de l'histoire. Si celui-ci pense la Révélation coranique comme le « sceau » des révélations antérieures, au sens de leur clôture, il n'a jamais empêché l'investigation des autres cultures et civilisations. Les lettrés de jadis n'ont d'ailleurs pas hésité à recueillir le patrimoine culturel grec et persan, et à explorer l'histoire et les sciences des autres peuples. Quant à la Mésopotamie, un grand esprit comme Ibn Khaldoun, ne soupçonnait-il pas déjà son riche héritage : « Où sont les sciences des Perses (...) ? Où sont les sciences des Chaldéens, des

---

1. *Mésopotamie. La raison, l'écriture et les dieux*, Gallimard, 1986, p. 44.

Assyriens, des Babyloniens ? Où sont leurs œuvres et les résultats qu'ils ont acquis[1] ? »

---

1. *Peuples et nations du monde,* éd. Sindbad/ Actes Sud, 1986, 1995, v. 1, p. 109.

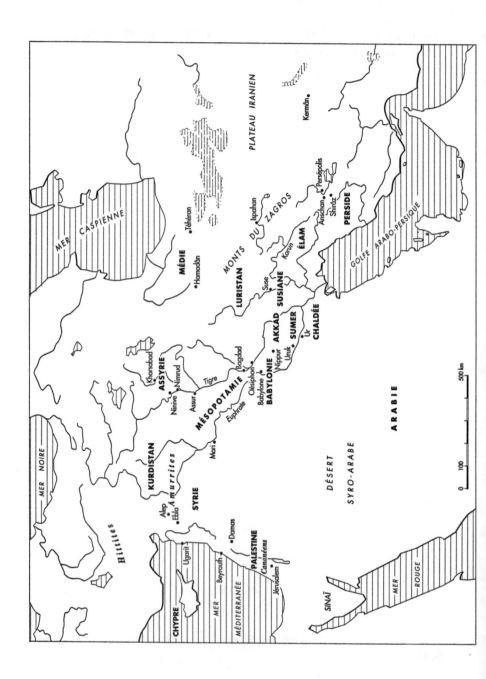

I.

Religiosité et raison en Mésopotamie

PAR JEAN BOTTÉRO

1.

La naissance de la civilisation

Dans mon jeune âge — ce n'est pas d'hier ! —, j'ai beaucoup fréquenté le vieil Aristote, qui m'a fortement marqué par sa manière de voir le monde, de poser et de résoudre les questions universelles et essentielles, dont on ne s'occupe plus guère, aujourd'hui, et desquelles, pourtant, tout dépend, en un sens. Aristote m'a donc appris, entre autres maximes, que, pour bien comprendre les choses, il faut les voir naître et grandir. Si je veux acquérir la connaissance totale et exhaustive d'un insecte, il ne me suffit pas de le disséquer, car je n'ai alors sous les yeux qu'un cadavre, un mécanisme figé et devenu tout autre chose que le véritable insecte : pour le voir, pas seulement comme une machine, admirable bien qu'inerte, mais comme un être remuant, inattendu, se dirigeant lui-même et soumis à des lois autrement compliquées que celles de la mécanique, il me faut l'observer vivant, le regarder vivre — c'est-à-dire naître, se développer et agir. Aristote a raison.

Le propos et le but du présent travail, c'est, précisément, afin de la mieux connaître, apprécier et comprendre, et peut-être, par là, de la pouvoir mieux vivre, d'expliquer comment est née et comment a grandi, bien avant nous, la culture = la façon de penser et de vivre, dans laquelle nous sommes plongés depuis des générations, celle qui nous définit, en nous, distinguant de tant d'autres peuples qui résolvent autrement que nous les problèmes posés à tous les hommes par l'existence — Chinois et Japonais, par exemple, pour ne point parler de ceux que nous appelons volontiers « primitifs ». Cette civilisation, qui est la nôtre, on l'appelle volontiers « occidentale », mais en fait, elle mord largement sur le Proche-Orient, puisque, si nous n'en parlons pas en partisans, mais en anthropologues et surtout en historiens, nous la voyons réunir et couvrir non seulement les Gréco-Latins, héritiers du Christianisme, mais aussi le monde musulman, autrement dit, en majeure partie, le monde arabe. Les uns et les autres, ici et là, ont en commun trop de conceptions, de valeurs, de principes, de réactions de l'esprit et du cœur, trop de paramètres culturels identiques pour que, par-delà leurs divergences, après tout secondaires, nous ne les regroupions pas tous sous la bannière d'une seule et même civilisation, qui est la nôtre : à eux comme à nous ! Lentement, mais sûrement, et surtout, d'ailleurs, par ses innovations techniques — mais le reste suit ! —, elle est en passe de conquérir le monde, ce qui ne va pas sans poser de lourds problèmes, non seulement aux autres, mais à nous, et par rapport aux autres. Raison de plus pour la dévisager une fois, et tenter de nous construire d'elle une idée juste, en la regardant naître et se développer.

Beaucoup pensent encore, comme on l'a longtemps professé, qu'en remontant les siècles à la recherche des sources de cette commune civilisation, on est arrêté, d'un côté par la Grèce, l'Hellénisme, avec ses lumières, sa promotion de l'Homme, sa discipline de l'esprit et de l'intelligence ; et de l'autre par la Bible, le monde de l'ancien Israël, avec sa religiosité, son monothéisme absolu et son moralisme. Et — qu'on le veuille ou non — c'est un fait que ces deux fleuves sont venus, au début de notre ère, mêler leurs eaux dans le Christianisme, autour duquel s'est cristallisé un système culturel cohérent et conquérant ; et, quelques siècles plus tard, lorsque l'Islam est né, tout aussi expansif, il s'est lui aussi édifié sur un ensemble de convictions, d'idées et de choix avant tout religieux et, au bout du compte, bibliques, mais compénétré çà et là, au moins avec le temps et chez les penseurs, qui commandent toujours à la culture, par toute une optique, mise au point sur l'idéologie grecque traditionnelle. Ainsi faisait-on à bon droit remonter à cette double source, biblique et hellénique, notre civilisation commune, qu'on voyait naître alors de ces parents, dont la vie et la maturation avaient occupé un peu plus du premier millénaire qui a précédé notre ère.

Aujourd'hui, nous devons remonter plus haut. Depuis qu'au siècle dernier, après des années de travail et de génie, on a sorti du sol et de l'oubli, dans la partie orientale de la Méditerranée : en Égypte, en Asie Mineure, en Syrie, en Mésopotamie, en Iran, et jusqu'en Arabie du Sud, tout un ensemble prodigieux de monuments et de documents témoins de civilisations bien antérieures aux Grecs et au peuple de la Bible, et qu'un oubli quasi total avait laissées ensevelies dans des ténèbres deux fois millénaires, et plus, on s'est peu à peu rendu compte qu'il n'était pas possible qu'elles n'aient pas compté, qu'elles n'aient pas joué un rôle dans l'éducation de nos ancêtres de Grèce et de Palestine ; que ni l'Hellénisme ni la Bible ne pouvaient constituer des commencements absolus ; et qu'il en fallait revenir à cette loi cardinale de l'Histoire : « Il y a toujours quelque chose avant »... Maintenant, après cent cinquante ans, non seulement de découvertes archéologiques ininterrompues et dont on n'a cessé d'interroger les vestiges ainsi exhumés ; mais surtout du déchiffrement de centaines de milliers de textes lus, analysés, comparés et rejoints les uns aux autres, bref, traités à la façon de gigantesques archives systématiquement dépouillées, maintenant, on voit mieux les choses, lorsque l'on s'interroge sur la généalogie de notre propre civilisation : on en désignait déjà les parents ; on en peut dévisager aujourd'hui les plus vieux ancêtres identifiables en ligne ascendante directe. Où les trouver ?

Les Hittites d'Asie Mineure, dont l'éclat n'a point débordé les limites du –IIᵉ millénaire, ont laissé quelque chose d'eux au monde égéen et par là à la Grèce, mais ils ont surtout servi de relais et d'étape, lui transmettant ce qu'ils avaient eux-mêmes reçu de plus loin... du Sud-Est. L'Égypte, dans son originalité et sa magnificence, est restée, jusque peu avant notre ère, fermée sur elle-même : fenêtre de l'Afrique sur la Méditerranée, elle avait pour voisins orientaux tout un bloc de Sémites — dont je vais reparler plus en détail — qui ne paraissent même pas l'avoir bien connue avant la moitié du –IIe millénaire, et qui, depuis longtemps sans doute, déjà culturellement organisés, se trouvaient mal perméables à des données aussi étrangères et exotiques que celles qui pouvaient leur venir du bassin du Nil. Ces mêmes Sémites formaient en Palestine, et surtout en Syrie, depuis au moins le milieu du –IIIe millénaire, un certain nombre de petits États, parfois plus ou moins éphémères, qui, politiquement divisés, partageaient pourtant une culture commune, dans laquelle chacun a pu mettre du sien, mais dont le système a toutes les chances de devoir au moins sa formation au rayonnement de celle que la Mésopotamie, dès le –IVe millénaire, avait déjà poussée à une réelle altitude et perfection. Si l'on veut un exemple frappant de son action fécondante sur ce territoire, il suffit de rappeler qu'autour de – 2500, en pleine Syrie, le pays d'Ebla avait déjà reçu d'elle, non seulement l'écriture, élément culturel capital, mais tout au moins la culture écrite et un bon nombre de rituels et d'usages.

Pour tenir honnêtement compte de tout ce que nous a révélé l'énorme déblaiement entrepris et poursuivi dans toute la partie orientale de la Méditerranée, c'est donc, jusqu'à plus ample informé, vers la Mésopotamie qu'il faut se tourner pour avoir quelque chance de voir sourdre ce large cours d'eau, aujourd'hui six fois millénaire, et davantage, qui a fertilisé les pays et les siècles auxquels, directement ou indirectement, les Grecs, pour leur part, et les auteurs de la Bible, pour la leur, sont allés prendre les assises de leur propre civilisation, avant de donner, par elle, naissance à la nôtre. Si donc, de celle-ci, je veux expliquer les plus lointaines origines aujourd'hui discernables, c'est en Mésopotamie que je nous transporterai.

Je dis : « les plus lointaines origines aujourd'hui discernables », je ne dis pas, contrairement à ce que j'avais paru promettre en parlant de « naissance » : « les toutes premières origines ». Pour deux raisons. D'abord parce que les affaires humaines sont trop compliquées, trop interdépendantes, trop visiblement ou invisiblement liées les unes aux autres pour que nous les imaginions surgissant en un court laps de temps, à la manière d'un individu qui vient au monde. Souvenons-nous qu'« en Histoire, il y a toujours quelque chose avant », et n'oublions pas que les plus archaïques ancêtres et prédécesseurs de notre race ont vagabondé sur la terre des centaines de milliers d'années avant nous.

L'autre raison, c'est que, comme dit un proverbe arabe : « Le passé est mort », disparu, effacé, et donc inconnaissable en lui-même. Il nous faut, pour le retrouver indirectement, des « témoignages » tout droit venus de ses contemporains et qui nous en rapportent quelque notion authentique. Ce peut être ce que l'on appelle des « *monuments* » : des outils, des récipients, des habitats, des œuvres d'art…, lesquels, comme tous les objets fabriqués, gardent de leurs auteurs quelque chose qu'on peut leur soutirer en les interrogeant avec méthode et intelligence, comme font les archéologues. Il nous en reste des quantités infinies, que les hommes ont semés depuis leurs temps les plus anciens, et que les fouilleurs découvrent tous les jours. Mais ils sont peu loquaces, leurs réponses souvent ambiguës et incertaines ; et, surtout, de par leur caractère matériel même, ils se trouvent absolument impropres à répondre jamais aux grandes questions capitales qui concernent l'esprit et le cœur de l'homme, non moins que les vicissitudes de sa conduite et de sa vie : à peine pouvons-nous entrevoir en eux quelques tournants, quelques vagues étapes. Les seules données en provenance du passé et propres à répondre distinctement à tous nos questionnaires, ce sont les « *documents* » : les textes. Ils sont exacts, détaillés, précis, le plus souvent indubitables : parce qu'ils sont *écrits*, et que l'écriture, c'est la langue matérialisée, fixée et transportable au loin, dans le temps comme dans l'espace — la langue, l'instrument le plus parfait de la communication humaine, puisqu'elle peut exprimer quasi toute la pensée, la vision, la mémoire, voire le sentiment de celui qui parle. Les documents composent donc pour nous la source la plus sûre, la plus complète, la plus indispensable de notre retrouvaille du passé ; et même s'ils n'en éclairent pas tout, par force, rejoints les uns aux autres et, lorsque c'est possible, à ce que nous révèlent les monuments, ils nous autorisent, non seulement des constats, des prises directes de connaissance, mais, pour combler les iné-vitables lacunes, des rapprochements, des réflexions, des déduc-tions, des conjectures prudentes, comme savent en faire les historiens, grâce à quoi nous arrivons à « en savoir plus ».

Avant la Mésopotamie, il ne nous reste qu'un vaste amas de monuments — ce qui nous laisse dans les flous et les ténèbres de la « préhistoire ». Mais en Mésopotamie, précisément, nous avons retrouvé des quantités phénoménales non seulement de monuments de toutes les époques, dont les plus vieux remon-tent à l'âge local « des cavernes », autour de −70 000, mais sur-tout, mille fois plus précieux pour nous apprendre distinctement et franchement les choses et répondre en clair à nos interrogations touchant la vie, la pensée et la civilisation, et leurs étapes, quelque chose comme un demi-million de docu-ments. Dossier énorme ! Même si l'on doit tenir compte qu'il est étalé sur les trois millénaires qu'a vécus la civilisation locale, certaines périodes mieux documentées ; d'autres, à peine ou pas du tout. Par ailleurs, *écrits*, par définition, ces documents n'ap-paraissent donc qu'avec l'écriture, laquelle a été inventée et inaugurée, dans le pays précisément — sous forme d'aide-mémoire de comptabilité — autour de la fin du −IVe millénaire. Je reparlerai plus loin de cette invention et de ses étapes et conséquences.

Ainsi, non seulement notre dossier des origines de la civilisa-tion mésopotamienne se limite, en fait, à quatre ou cinq mille documents presque incompréhensibles, vu leur caractère mné-motechnique, et qui nous renseigneraient plutôt, avec parcimo-nie et dans le flou, à la manière brute et laconique des monuments ; mais ils ne remontent pas plus haut que le temps de l'invention de l'écriture — si bien que « les plus lointaines origines discernables » de la civilisation du pays, que j'ai fait miroiter, devraient normalement plafonner autour de la fin du −IVe millénaire. Si l'on y réfléchit, ce n'est déjà pas mal, mais ça pourrait, après tout, décevoir ! En fait, comme je l'ai laissé entendre et comme on va le constater, nous avons les moyens d'aller un peu plus haut, et d'entrevoir, au moins dans ses grandes lignes, ce que l'on peut appeler la plus ancienne « histoire » du pays où est née, dans son plus vieil état perceptible, notre propre civilisation.

Le théâtre de cette vénérable suite d'événements, tout le monde l'a plus ou moins vaguement présent à la mémoire depuis les récentes guerres qui s'y sont déroulées : la Mésopotamie ancienne recouvrait à peu près la surface de l'Iraq de nos jours. Elle est coupée en deux, aux deux tiers de sa longueur, par une chaîne de modestes collines qui suffit à séparer le territoire nord, comme nous disons : l'Assyrie, du sud : la Babylonie... C'est dans le Sud, en « Babylonie », que se sont joués les épisodes cardinaux qui commandent toute la pièce : le prologue et le premier acte. Au $-III^e$ millénaire, on divisait ce territoire méridional en une moitié sud, jouxtant le golfe Persique, et que l'on appelait *Sumer*, et une moitié nord : *Akkad*.

Le pays tout entier, d'abord recouvert par les eaux d'un unique et énorme fleuve, s'est peu à peu asséché pour apparaître au jour, ne gardant plus de ses eaux premières que le Tigre, à l'est, et l'Euphrate, à l'ouest, à partir des $-VII^e/-VI^e$ millénaires, à mesure que la fin de la dernière époque glaciaire, en Europe, réduisait fortement les précipitations et provoquait l'assèchement de contrées jusque-là verdoyantes : c'est alors que la péninsule Arabique voisine (comme le Sahara, plus loin) de savane habitable est devenue cet invivable désert que nous connaissons toujours. Ainsi, au plus tard dans le $-V^e$, voire au tout du début du $-IV^e$ millénaire, la Mésopotamie a-t-elle pris l'aspect de ce qu'elle est encore : un territoire « interfleuves » (comme son nom l'indique), large vallée plate de limons très fertiles, progressivement occupée par des populations descendues des hauteurs circonvoisines : le Kurdistan, au nord, et les dévalements du plateau iranien, à l'est. Nous ne savons rien d'elles, n'en ayant plus que des « monuments » : vestiges archéologiques quasi muets, au travers desquels on les entrevoit, du moins, installées en menus villages, d'abord isolés et d'une culture longtemps rudimentaire. Ces occupants, plus tard, ont pu et dû laisser leur marque, plus ou moins profonde, dans le pays et sa civilisation : par exemple, la technique classique de la préparation de la bière, dans cette contrée essentiellement céréalière où elle est demeurée de tout temps la boisson « nationale », a toutes les chances, si l'on s'en tient à son vocabulaire, d'avoir été empruntée à l'une de ces cultures. Mais, je le répète, faute de « documents », nous ne savons quasi rien d'elles. Les deux branches ethniques abondamment documentées et visiblement dominantes, les plus notables, les plus actives, les plus directement responsables de la mise en place de la civilisation locale, ce sont, d'une part, les *Sumériens*, de l'autre, ce que nous appelons les *Akkadiens*.

Les Sumériens, nous ne savons pas grand-chose d'eux, et surtout rien de leurs origines. Qu'ils aient indiscutablement existé, et comme ethnie, et comme culture, leur langue l'atteste irréfutablement. Mais comme elle est très particulière et tout à fait à l'écart de tous les idiomes anciennement connus dans le Proche-Orient et ses alentours, nous sommes dans l'impossibilité de les rattacher, même par une quelconque hypothèse sensée, à aucune famille linguistique et ethnique. Si, comme c'est mon cas, on fait confiance à un vieux mythe local, celui dit « des Sept Sages », ils doivent être arrivés dans la Mésopotamie du Sud — quand ? nous l'ignorons ; au plus tard au début du –IVe millénaire, sans doute — depuis l'Est, plus vraisemblablement du Sud-Est, de « la Mer », souligne le mythe : en remontant peut-être le rivage iranien du golfe Persique. Voilà pourquoi ils ont hanté et habité d'abord la partie du pays la plus voisine du Golfe, lui valant peut-être ce nom de « pays de *Sumer* ».

Les « Akkadiens », en revanche, nous les connaissons beaucoup mieux. On désigne sous ce nom, en partie conventionnel, les plus anciens Sémites installés dans le pays, en amont de *Sumer* — depuis aussi longtemps, et peut-être davantage, que les Sumériens —, et même, vu leur antiquité reculée, les plus anciens Sémites tout court : leurs premiers noms propres apparaissent, en nos documents les plus antiques, il n'y a pas loin de quatre mille huit cents ans. Il me faut insister quelque peu touchant cette branche à la fois culturelle et linguistique, qui a joué un rôle capital — on ne le relève pas assez, à mon sens —, et dans l'édification de notre culture, et dans notre histoire, et

24

qui fleurit toujours, Dieu merci, non seulement dans le Proche-Orient, mais dans le monde. Si nous ignorons leurs origines, nous sommes en mesure de faire, à ce sujet, quelque légitime conjecture. Leur langue, telle que les linguistes la restituent dans son état le plus archaïque, est apparentée, d'une part à l'ancien égyptien, de l'autre au berbère, de l'autre encore aux idiomes qui ont précédé l'éthiopien en Abyssinie : il y a donc gros à parier qu'ils ont, au moins très anciennement, hanté un territoire voisin de ceux qui parlaient ces divers langages. Et sans doute le plus raisonnable est-il de s'en tenir à la péninsule Arabique, dans laquelle, à mesure de sa désertification, aux alentours du −VIᵉ millénaire, ils auraient été repoussés sur ses franges, demeurées seules vivables. Un groupe important d'entre eux a ainsi, sur des millénaires, occupé la frange septentrionale de ce qui était devenu le Grand Désert syro-arabe, disons la Syrie. Ils vivaient là en semi-nomades, voués surtout à l'élevage du menu bétail. Pour arriver jusque dans l'opulente et fertile Mésopotamie, qui pouvait les tenter, ils n'avaient qu'à longer le cours de l'Euphrate. Certains groupes d'entre eux ont dû faire très tôt ce déplacement, qui les a conduits, dès le −Vᵉ millénaire peut-être, jusqu'à la limite du « pays de Sumer », dans le « pays d'Akkad ». Voilà ce que l'on peut savoir de la plus ancienne histoire, tout à la fois des Akkadiens et des Sémites.

L'histoire tout court, et en même temps l'histoire de la civilisation du pays, a commencé avec la rencontre et la mise ensemble des deux populations : Sumériens et Akkadiens, dans la partie méridionale du territoire vers le milieu du −IVᵉ millénaire au plus tard. Des circonstances de cette réunion : quand ? comment ? où ?, nous ignorons absolument tout. Nous sommes seulement assurés qu'elle a vraiment eu lieu — comme celle du père et de la mère lorsque apparaît l'enfant. Car c'est d'elle, et de la longue symbiose qu'elle a déclenchée, qu'est née, sur les décombres des populations antérieures, la civilisation mésopotamienne, l'aïeule de la nôtre.

Ce que nous pouvons également avancer de solide à son propos, c'est qu'elle semble avoir été d'abord et surtout l'œuvre des Sumériens : intelligents, actifs, ingénieux, pleins de ressources, ils en ont, de toute évidence, été d'abord l'âme, les meneurs, les champions. Tout ce que nous savons, et par des documents nombreux et précis, de l'histoire ultérieure, à partir du milieu du – IIIe millénaire, surtout, nous y démontre non seulement la présence, mais la prépondérance sumérienne. Dans le vocabulaire courant, quantité de termes relatifs à la pensée, aux institutions, aux techniques, ont été reçus, dans leur langue, par les Akkadiens — et, dans ces cas, c'est bien connu, on n'emprunte le mot qu'avec la chose qu'il désigne. Par exemple, si, en akkadien (langue d'usage général dans le pays à partir de la fin du – IIIe millénaire), l'on a appelé *tuppu* la petite plaquette d'argile universellement utilisée, comme chez nous le papier, pour support de l'écriture, c'est pour avoir appris des Sumériens l'usage de ladite tablette, qu'ils appelaient DUB. C'est de même parce qu'on avait reçu d'eux l'art et la technique du « jardin », pour cultiver légumes et fruits, qu'on leur a pris, du même coup, le nom du « jardinier » : NU.KIRI, akkadisé en *nukaribbu*. Il serait aisé d'aligner de longues listes de tels emprunts : elles découvriraient l'étonnante masse de données culturelles de tous ordres que les Sumériens ont versée à la civilisation locale. Pour en toucher, seulement, un autre secteur, celui de la religion mésopotamienne dans ses premiers temps — tant qu'a duré la prédominance sumérienne —, le personnel surnaturel des divinités révérées dans le pays, leur « panthéon », comme nous disons, n'était pas seulement fort nombreux — des centaines —, mais, à en juger par leurs noms, la majorité écrasante était d'origine sumérienne : AN pour le dieu patron du « ciel » ; INANNA (« Dame céleste ») pour une des déesses les plus notables, qui patronnait, notamment, l'amour ; NIN.URTA (« Seigneur de la terre arable ») pour un dieu qui s'occupait de l'agriculture, etc.

Certes, devant ce torrent culturel sumérien, les « Akkadiens » ne sont pas demeurés seulement bénéficiaires : ils ont assimilé et propagé ce que leur apprenaient les Sumériens, mais ils y ont ajouté du leur. Dans le domaine religieux, par exemple, on voit se glisser peu à peu parmi le « panthéon » des divinités au nom et à la personnalité sémitiques : *Shamash*, dieu du soleil, par exemple ; *Adad,* dieu des pluies et des vents ; *Ishtar,* déesse guer-rière, etc. Sans parler d'un esprit religieux nouveau qui s'intro-duit, lui aussi, et s'impose : les dieux que les Sumériens avaient tendance à « humaniser », parfois « trop », avec les défauts, le terre à terre, voire les ridicules des hommes, ont été peu à peu l'objet d'un tout autre regard, et présentés seulement comme de très hauts et majestueux seigneurs, infranchissablement cou-pés des hommes par leur altitude même. Or c'est, me semble-t-il, un des traits culturels fonciers propres aux Sémites en géné-ral, pour autant que nous en puissions juger, qu'une très vive religiosité, en même temps que le sentiment de la supériorité radicale des dieux, et de leur « transcendance ».

La religion n'est pas l'unique secteur de la civilisation dans lequel les Akkadiens/Sémites aient versé leur quote-part et mis en commun des données culturelles qui leur étaient propres et que leurs partenaires sumériens ignoraient, leur prenant, à leur tour, le nom avec la chose : NA.GADA, qui veut dire « pasteur, berger » en sumérien, vient de l'akkadien *nâqidu* ; DAM.ḪARA « combat », de *tamḫaru* ; et même SUM, nom sumérien de l'« ail », a été pris à l'akkadien *shûmu*...

La civilisation mésopotamienne, l'état le plus vieux que nous puissions connaître de la nôtre, est donc née, dans la partie méridionale de la Mésopotamie, au cours du –IVᵉ millénaire, de la rencontre des Sumériens, venus du Sud-Est, et des Sémites dits « Akkadiens », arrivés du Nord-Ouest, de leur rapproche-ment progressif, de leurs croisements et métissages, de leur lon-gue symbiose et de leur acculturation réciproque, sous l'impulsion et la direction première des Sumériens, déjà, sans doute, plus cultivés et raffinés par eux-mêmes, mais aussi, selon toute apparence, plus ouverts, plus actifs, plus intelligents et astucieux, plus créatifs.

Ces qualités, pourtant, avaient leur contrepartie et l'histoire ultérieure du pays et de sa civilisation en a subi les conséquen-ces. À leur arrivée dans le pays, les Sumériens paraissent bien avoir coupé tous les ponts avec leur habitat antérieur et leurs congénères, s'ils en avaient laissé sur place. À notre connais-sance, ils n'ont jamais, au cours de ce que nous savons de leur histoire, reçu le moindre apport de sang frais. Ils se trouvaient donc, sur le plan ethnique, en état d'infériorité et de faiblesse face aux Akkadiens, car ceux-ci, nous le savons par toute la suite de l'histoire, n'ont jamais cessé de recevoir du renfort, par d'autres Sémites, immigrants comme ils l'avaient été, et venus des mêmes territoires syriens qu'eux. À la fin du − IIIᵉ millénaire, par exemple, une nouvelle couche d'entre eux a déferlé, par groupes indépendants ou en masse, pacifiquement ou dans un propos de conquête, qui parlaient une langue sémitique voisine de l'akkadien, mais suffisamment différenciée entre-temps. On les appelait, en sumérien, MAR.TU, et en akkadien, *Amurrû* (nous disons « Amurrites »), ce qui signifie « Occidentaux », et qui souligne leur point de départ. Ils se sont rapidement laissé séduire par les richesses matérielles et culturelles du pays, et se sont assez vite mêlés, assimilés et croisés à ses habitants, leur infusant comme du sang neuf, et donnant à leur vie et aux progrès de leur culture un vigoureux coup de fouet.

À ce torrent sémitique, les Sumériens ne pouvaient pas résister : au cours du −IIIᵉ millénaire, et sans doute à partir de son dernier tiers, ils ont donc disparu, résorbés par la population akkadienne, et le pays entier, sa civilisation et son destin, se sont retrouvés entre les mains des seuls Sémites, qui n'arrêtaient pas, eux, de s'y multiplier et renforcer. Pourtant, deux données capitales n'ont cessé, jusqu'au bout de l'histoire, de rappeler l'antique prépondérance sumérienne, au moins dans l'ordre de la culture et, disons, de l'esprit.

Tout d'abord, si leur langue, le sumérien, qui paraît bien avoir été d'abord et longtemps, non seulement parlée, mais la seule écrite dans le pays, est morte en même temps que ceux qui l'utilisaient de naissance, et si, dans l'usage courant, puis officiel, puis littéraire, l'akkadien sémitique l'a remplacée, elle est restée en usage, d'abord officiel, puis comme langue écrite de la culture, pour la littérature religieuse et savante, et même pour la littérature tout court, l'emportant dans un premier temps sur l'akkadien, nouveau venu dans ces usages, et lui cédant ensuite peu à peu mais sans jamais disparaître. Et cet usage lettré du sumérien — même s'il est devenu, par force, un sumérien de cuisine — a persisté dans le pays jusqu'à la fin de son histoire, aux alentours de notre ère : non seulement on recopiait encore, alors, des œuvres sumériennes, pour les lire, les étudier, s'en inspirer, mais les savants discutaient en sumérien, entre eux, en parlant métier, un peu comme chez nous on écrivait et on parlait latin jusqu'à la Renaissance. Peut-on avancer une plus forte preuve que cette longue permanence du latin parmi nous, pour convaincre n'importe qui de tout ce que nous devons culturellement à Rome ? De même, il n'y a pas de meilleure démonstration de la lourde contribution liminaire et fondamentale des Sumériens à la naissance et à la formation de la civilisation des anciens Mésopotamiens que leur attachement, jusqu'au bout, à une langue étrangère à leurs habitudes mentales, même si une pareille constance ne concerne que leurs lettrés.

Ce n'est pourtant pas le seul trait qui évoque la supériorité première des Sumériens et leur action en profondeur. Il y a autre chose, qui saute moins aux yeux, mais qui pèse aussi lourd. En acculturant et en « éduquant » les Sémites du pays, ils ont, me semble-t-il, profondément modifié leur optique, leur centre d'intérêt, leur attitude et leurs réactions devant le monde, bref leur « mentalité » et l'orientation même de leur esprit. Où que nous rencontrions les Sémites, ailleurs qu'en Mésopotamie, au cours de leur histoire ancienne, laquelle ne se dévoile bien, à nos yeux, qu'à partir du $-II^e$ millénaire, nous les voyons, dans leurs œuvres écrites, le plus souvent animés d'une grande passion, réagissant avec vigueur devant les choses et les événements, doués d'une imagination très vive et créatrice d'images neuves et frappantes, bref, capables d'un extraordinaire lyrisme, qui nous fait volontiers admirer, parmi eux, les plus puissants poètes : je parle de bien des morceaux bibliques, des prophètes au livre de *Job*, d'un côté, et, de l'autre, des plus vieux poètes arabes, des *mu'allaqât* et des sourates mecquoises du Coran. Or, cette puissance des mots, cette inventivité verbale, cette richesse et fantaisie des images, cette véhémence du discours et cette impétuosité des sentiments, en vain les cherche-t-on parmi toute la masse de la littérature akkadienne, poésie comprise.

Sauf quelques rares exceptions, ses auteurs, et quel que soit le genre littéraire choisi, nous paraissent plutôt compassés et sans grande chaleur, formalistes, avares de métaphores puissantes et inattendues, grands amateurs de redites, bref, pour choisir un qualificatif qui dise bien ce qu'il veut dire : prosaïques. En revanche, nous saute aux yeux un peu partout, chez eux, et depuis les premiers âges, une sorte de curiosité des choses, comme un besoin de les discerner nettement, de les analyser, de les comparer, de les comprendre, de les mettre en ordre et classer. En un mot, dans leur contact avec le monde, c'est l'esprit, l'intelligence, la lucidité qu'ils mettent en avant, plutôt que le cœur, la passion et la fougue. Pour ma part, il m'est difficile de ne pas imputer une telle différence, je ne dis pas déformation, mais transformation, à une éducation première par les Sumériens, lesquels, précisément — on le touche vite du doigt pour peu qu'on lise leur littérature, et en particulier sa partie poétique —, semblent bien avoir été démunis de tout vigoureux parti pris envers les choses, du vrai besoin d'images fortes et neuves et de discours impétueux, d'une imagination débordante et coulée dans un style énergique et chaud. Sous l'influence sumérienne, les Sémites mésopotamiens, tout au moins leurs lettrés — les seuls avec qui nous soyons en contact direct par leurs œuvres : nous reparlerons de ce côté des choses — ont donc été transformés d'abord dans leurs habitudes mentales, et c'est comme tels qu'ils sont entrés dans la civilisation du pays, qu'ils ont contribué à l'édifier et qu'ils l'ont maintenue et développée.

Donc, à partir du moment — sans doute au tournant du −IIIᵉ au −IIᵉ millénaire, et peut-être même encore plus tôt — où la partie composante de la population, de souche sumérienne et s'exprimant en sumérien, s'est trouvée totalement phagocytée par la partie d'ascendance sémitique et qui parlait akkadien, la vie du pays, sociale, politique, économique aussi bien qu'intellectuelle et spirituelle : en un mot l'entière civilisation, s'est trouvée, et pour deux mille ans encore, entre les mains des seuls Sémites locaux : descendants des anciens « Akkadiens » jadis acculturés par leurs éducateurs sumériens, et nouveaux arrivés amurrites entrés d'emblée dans le mode de vie du pays.

C'est pourquoi — et j'y insiste, parce qu'à mon sens c'est capital ! — même une fois admis que la civilisation de Mésopotamie n'aurait pas vu le jour, en tout cas n'aurait pas été ce qu'elle est, à nos yeux, sans un très riche versement initial des Sumériens avant leur disparition, c'est un fait qu'à leur mort elle a été prise en charge, poursuivie, préservée, développée, enrichie et menée finalement à son terme par les seuls Sémites : autrefois modelés par leurs éducateurs sumériens et restés même fidèles à leur idiome, mais sémites de langue et donc de tempérament, de cœur et d'esprit. Puissamment, et une fois pour toutes, mâtinée d'abord de « sumérisme », c'est bel et bien une civilisation sémitique, proche parente de celles qui ont été édifiées ensuite, pour leur compte, par les autres Sémites anciens les plus connus : Hébreux, Araméens et Arabes, et elle est, comme telle, à l'origine aussi bien de la leur que de la nôtre.

Car, dès le point du jour de l'Histoire, à la fin du $-IV^e$ millénaire, la Mésopotamie, pays de limons, terre grasse et féconde, s'est trouvée vouée, en quelque sorte, à la fois par son assiette, ses ressources et sa population, laborieuse et culturellement avancée, d'un côté, à l'opulence et aux surplus des produits de son travail (avant tout la grande agriculture céréalière et l'élevage intensif du menu bétail) et, de l'autre, à la nécessité de se tourner vers ses voisins pour en tirer les matériaux qui faisaient défaut dans le pays : le bois de construction et d'ébénisterie, la pierre, le métal. Elle s'est donc, tout ensemble, considérablement enrichie, rendue puissante, intérieurement organisée, d'un haut niveau de vie, et prospère, respectée et redoutée de tous, jusqu'au loin — mais, en même temps ouverte, par le commerce, franc ou « continué par d'autres moyens » moins pacifiques, à tous ses attenants, proches ou éloignés ; à l'ouest, l'Asie Mineure et la Syrie avec les bords orientaux de la Méditerranée, et jusqu'à l'Égypte (surtout après le milieu du $-II^e$ millénaire) ; à l'ouest, l'Iran, les rivages arabiques du golfe Persique, et même, encore plus loin, la façade occidentale de la péninsule Indienne : les documents abondent,

31

dès le –IIIe millénaire ! Ces contacts lui ont sans doute procuré les biens matériels recherchés ; sans doute aussi ses hommes d'affaires et ses soldats ramenaient-ils, du même coup, des images, des idées, des trouvailles, exotiques, mais toujours bienvenues, même dans une haute civilisation comme la sienne. Elle exportait ses surplus : céréales, dattes, laine, et produits d'une technique « industrielle » organisée, en matière de travail du cuir et des étoffes, du roseau, du bois, de la pierre, du métal. Mais surtout, avec ces marchandises, elle répandait de toutes parts, entre des populations qui n'avaient pas atteint encore, et de loin, un niveau de vie aussi élevé que le sien, ses acquis culturels, intellectuels aussi bien que techniques. Dans le bassin de l'Indus, on n'a pas trouvé seulement, dès le –IIIe millénaire, des preuves matérielles du passage de Mésopotamiens (leurs sceaux cylindriques en pierre taillée), mais, bien plus tard, dans les ouvrages locaux, des traces manifestes, notamment, du système astrologique, fort savant et original, que les lettrés de Babylone avaient mis en place au cours du –IIe millénaire. Aux Élamites, installés au sud-ouest de l'Iran, à leur proche voisinage, et aux gens d'Ebla, en plein territoire syrien, au nord-ouest, les Mésopotamiens, dès le milieu du –IIIe millénaire, au plus tard, ont enseigné — élément culturel capital et d'une incalculable importance — leur propre écriture, non moins, du même coup, que leurs langues et le contenu de nombre de leurs écrits. Partout dans le Proche-Orient, principalement à dater du –IIe millénaire, se retrouvent des traces de mythes visiblement élaborés en Mésopotamie, et même, comme celui du Déluge, qui n'eussent guère pu s'imaginer ailleurs ; non moins que d'autres œuvres littéraires, créées en sumérien ou en akkadien. Pour citer un exemple éclatant : au milieu du même millénaire, suite indéniable à une pressante demande, les lettrés hittites, en pleine Asie Mineure, ont, non seulement traduit dans leur langue indo-européenne la célèbre *Épopée de Gilgamesh,* mais ils en ont préparé une édition abrégée. Ce choix de conjonctures ne suffit-il pas à montrer à quel point, depuis ses origines, à la fin du –IVe millénaire, et mille ans encore, la Mésopotamie a généreusement diffusé dans tout le Proche-Orient, et même plus loin, je ne dis pas l'entier système de sa civilisation, mais quantité des richesses, matérielles et surtout « mentales », qu'elle s'y était ménagées ?

Au cours du dernier millénaire qui lui restait à vivre, si elle a d'abord continué à faire trembler le monde, en même temps qu'à en polariser l'admiration et le besoin d'imitation, son activité, disons « civilisatrice », s'est à l'évidence ralentie. Pas seulement parce que, installée dans son très haut niveau de vie, elle éprouvait moins le besoin de le hausser, d'y innover, d'en inventer en nombre de nouveaux avantages, mais aussi parce que, depuis des siècles, en partie grâce à ses enseignements, s'étaient développées, un peu partout alentour, des civilisations avancées et plus ou moins brillantes, qui n'avaient plus tant besoin de chercher ailleurs de quoi mieux vivre. Et, surtout, à partir du milieu de ce –Iᵉʳ millénaire, la Mésopotamie, comme puissance politique et culturelle, a commencé de décliner vers la mort.

Depuis la fin du millénaire précédent, une nouvelle « vague » de Sémites, toujours venus du même point, et porteurs d'une langue encore évoluée, entre-temps (nous l'appelons « araméen »), fort différents, par les mœurs, des souples Amurrites qui les avaient précédés, mille ans auparavant, avaient commencé de saper la sécurité, le prestige et l'existence même du pays. Demeurés volontiers nomades et vivant entre eux, ils harcelaient sans cesse les habitants, leurs champs et leurs villes, se glissant quelquefois, à la fin, parmi eux pour les mieux dominer et évincer, d'autant plus dangereux sur le plan culturel qu'ils apportaient une prodigieuse invention, de déjà quelques siècles, propre à supplanter et faire oublier le vénérable, mais toujours si compliqué, système d'écriture local : l'alphabet. Il y avait bien là de quoi ébranler et fragiliser la vieille civilisation traditionnelle !

Quand celle-ci a perdu son plus ferme soutien : l'indépendance politique, et que la Mésopotamie s'est trouvée passée entre les mains des Perses, en –536, puis des Grecs séleucides, après –330, puis, deux siècles plus tard, des Parthes, à pas de plus en plus hâtifs elle s'est avancée vers la mort. La vieille

33

langue akkadienne comme, autrefois, l'antique sumérien, est morte, à son tour, remplacée dans l'usage courant par l'araméen, et ne demeurant plus, avec son extravagante écriture, connue et utilisée que par les lettrés entre eux, eux-mêmes de plus en plus hors course, clairsemés et éparpillés en cénacles savants, ignorés de la foule, où l'on se contentait de relire et de commenter inlassablement le vieux trésor obsolète, à la fois littéraire, religieux et scientifique, du pays. La dernière trace que nous ayons retrouvée de ces ultimes représentants de la tradition culturelle, c'est une tablette cunéiforme datée de l'an 74/75 après notre ère : un indigeste almanach astronomique ! — le dernier mot, le dernier souffle, à nos yeux, de cette civilisation admirable, quatre fois millénaire et qui a changé notre monde. Elle pouvait disparaître, puisqu'elle avait, peu à peu, transféré ses acquis, ses trésors, à ses héritiers, nos pères.

Aujourd'hui, nous l'avons vue naître, grandir, féconder cette Asie antérieure où se concentrait alors, à nos yeux d'historiens, le monde cultivé et en effervescence, et, son œuvre et son temps accomplis, nous l'avons vue mourir, pendant que ses descendants entamaient leur propre aventure…

Restent quelques points forts à détailler :

D'abord, comment elle a inventé ce qui devait révolutionner le monde : l'écriture ; l'usage qu'elle en a fait, et comment cette découverte a modifié en profondeur son optique et son attitude envers les choses.

Ensuite, comment elle a répondu aux interrogations principales que se font tous les hommes concernant l'univers et son fonctionnement.

Enfin, quelle a été son attitude envers le monde surnaturel : sa religiosité et sa religion.

Peut-être, au travers de ce « déballage », nous arrivera-t-il d'entrevoir, çà et là, des croyances, des maximes, des évidences, des manières de voir et de sentir qui sont encore foncièrement les nôtres. Si c'est le cas, je n'aurai donc pas eu tort de présenter les vénérables Mésopotamiens comme « nos plus vieux parents discernables en ligne ascendante directe »…

2.

La première écriture

Le premier, et sans doute le plus précieux des trésors découverts par les vieux Mésopotamiens, et qu'ils nous ont légués,
celui qui a le plus profondément révolutionné notre vie, modelé
et considérablement développé notre esprit, c'est l'écriture. Car,
nous le savons, aujourd'hui : elle a été inventée en Mésopotamie, autour de −3200.

On peut avoir une certaine difficulté à admettre qu'il ait
fallu l'inventer, et donc qu'il y aurait eu un temps où elle était
inconnue, tant elle nous paraît intégrée à notre existence quotidienne. Pourtant (sans parler des siècles où, chez nous, lire et
écrire étaient une sorte de privilège), si l'on y réfléchit, il saute
aux yeux qu'après tout écrire n'est pas un phénomène propre à
notre nature, comme voir ou manger : mais, comme l'art ou la
cuisine, c'est un fait de culture, ainsi que tout ce que les hommes ont, peu à peu, superposé à leur nature afin de mieux vivre.
Il y a d'abord le langage organisé : la langue, à la fois l'expression et le prolongement de la pensée, l'instrument le plus parfait
de la communication, de l'échange avec les autres, le lien social
sans doute le plus foncier, le plus solide, qui nous tire de notre
solitude naturelle et nous assure un contact étroit, presque
entier, avec les autres, auxquels nous livrons ainsi — en en
recevant autant d'eux — ce que nous sentons, ce que nous
voulons, ce que nous voyons, ce que nous imaginons, ce que
nous comprenons, bref à peu près tout ce que nous faisons et

ce que nous sommes. Mais cette communication par la langue est limitée à notre proche entourage. Le discours oral implique la présence simultanée, dans le lieu et le temps, de la bouche qui parle et des oreilles qui entendent. Il ne dure pas davantage que cette brève confrontation : après, on peut le « retenir », mais très imparfaitement, par une vague impression d'ensemble ou peut-être quelques traits normalement isolés, jamais dans son exacte totalité. L'écriture lui permet de transcender l'espace et la durée : une fois le discours fixé et matérialisé grâce à elle, et dans tous ses détails, comme il a été élaboré par son auteur, il est intégralement diffusable partout, dans le lieu et le temps. L'écriture permet de communiquer au loin, et à travers les siècles. Elle élargit considérablement la portée de la langue. Par ailleurs, si le discours oral est fluent, continu, aussi impossible à « retenir » que l'eau courante ou le temps (on ne se baigne jamais deux fois dans le même fleuve, disait Héraclite), par l'écriture, il reçoit de la consistance et de l'autonomie. Il est devenu un objet matériel, qu'on peut, non seulement examiner sous tous ses angles, mais analyser, découper, en toutes ses parties : ses idées, ses thèmes, ses tournures, ses images, ses mots, et jusqu'aux particules de ses mots, sur chacun ou chacune desquels on peut arrêter son attention, sa réflexion, non seulement pour les transposer et remployer ailleurs, tels quels ou autrement, mais pour en prolonger la signification, en développer la portée, la modifier, la contredire, au besoin, bref, aller plus loin, ou autrement. En somme, le discours écrit seul peut fonder toute une tradition, non seulement dans l'ordre de la connaissance pure, du savoir, de la croyance, mais tout aussi bien dans l'ordre du goût et du plaisir de communiquer, disons dans l'ordre littéraire. Voilà pourquoi j'ai dit que l'invention de l'écriture a révolutionné la pensée humaine, et j'ai laissé entendre que c'est, de la part des nos archaïques ancêtres de Mésopotamie, leur contribution sans doute, la plus importante, véritablement capitale, à notre civilisation, voire à la Civilisation tout court.

Il serait naïf de croire que la découverte de l'écriture se serait faite d'un seul coup, en un instant, comme on trouve une perle.

Non seulement il y avait « quelque chose avant », mais les grandes innovations culturelles représentent, en bonne règle, des mécanismes trop compliqués pour avoir été mises au jour et au point du premier coup, d'un jet unique, en une seule venue : elles impliquent toujours une plus ou moins longue « histoire ».

L'histoire (la PRÉhistoire : ce qu'il y a avant) de l'écriture, en Mésopotamie, commence par une millénaire tradition artistique : peintures sur le flanc des vases en argile et gravure sur la pierre des sceaux en usage courant dans le pays. Les artistes, non seulement se sont, de la sorte, habitués à projeter et fixer matériellement des images, à composer de menus tableaux qui, dans leur pensée, voulaient, je ne dis pas expliquer clairement, mais du moins suggérer quelque chose, dans l'ordre du sentiment plus que de la vision nette, mais ils ont acquis la maîtrise du dessin, ils ont appris à schématiser et « croquer » les choses en quelques traits : la silhouette ventrue d'un vase suffisant à évoquer cet ustensile, et une tige avec quatre brins, à figurer un épi. L'écriture est née le jour où quelqu'un — qui ? quand ? dans quelles circonstances ? nous n'en saurons jamais rien — a compris qu'en utilisant systématiquement un nombre choisi de tels croquis au dessin suffisamment uniformisé pour être partout reconnaissable, on pouvait non seulement, à la manière des artistes, faire naître une émotion, susciter un état d'esprit, mais transmettre un message en clair. Les plus anciens documents de cette écriture, de menues tablettes d'argile marquées de « croquis », et datables, selon les archéologues, des environs de −3200, nous offrent en effet, si l'on en fait le décompte, au total, un millier de pareils « croquis » différents, tous nettement tracés, aisés à distinguer les uns des autres, et à reconnaître. Ce n'est plus la fantaisie et la liberté des artistes : c'est, à l'évidence, un système arrêté.

Pourquoi l'a-t-on mis au point, et, la chose est évidente, de volonté délibérée ? Pas par hasard ! Si l'on examine ces documents archaïques, on comprend tout de suite leur raison d'être. Tous se présentent recouverts non seulement de divers de ces croquis, mais, à côté d'eux et entre eux, de dessins spécifiques (principalement ronds et demi-lunes, d'un tracé particulier), dans lesquels il est d'autant plus facile de reconnaître des chiffres que leur détail est souvent totalisé à la fin — ce qui nous a permis d'en comprendre aisément la valeur et le système. Il s'agit donc de pièces comptables : ce qui a les plus grandes chances d'avoir présidé à la naissance de ce système graphique, c'est la comptabilité. Le pays et en particulier la ville où tous ces documents ont été retrouvés (depuis 1929), Uruk (aujourd'hui Warka : à mi-chemin entre Bagdad et le golfe Persique), étaient déjà opulents et prospères, grâce à l'exploitation méthodique des richesses du sol : culture en grand des céréales et des dattes, et élevage intensif du menu bétail, avec leurs « industries dérivées ». Il fallait donc distribuer ces biens, non seulement dans le pays, mais jusqu'à l'étranger, pour s'y procurer les matériaux dont se trouvait tout à fait démuni ce territoire de limons et de roseaux. Il était dès lors indispensable de maîtriser, par une comptabilité rigoureuse, ces vastes et compliqués mouvements de marchandises, sous peine de gâchis et de ruine. Si l'on voulait en garder mémoire plus précisément que par le simple appel au fragile « souvenir », on a compris qu'il suffisait de tracer côte à côte les croquis propres à évoquer, par leur figure même, les divers objets de la comptabilité : marchandises et utilisations, affectés chacun des chiffres qui en marquaient les quantités, pour tenir de la sorte exactement à jour les comptes les plus embrouillés, sans les exposer aux faiblesses et aux erreurs de la mémoire. La première écriture connue, en Mésopotamie, il y a cinq mille ans, n'a donc pas été mise au point — ainsi qu'on l'imaginerait volontiers — dans le dessein de matérialiser et fixer la pensée comme telle — ce qu'elle réaliserait ensuite —, mais, tout modestement, tout platement, comme un simple procédé mnémotechnique, auxiliaire de la comptabilité.

Dans son état originel, chaque dessin — nous disons chaque signe, chaque caractère — re-présentait donc (« tenait la place de ») la réalité dont il reproduisait la silhouette : le vase, l'épi. Même si l'on s'en tient aux seuls objets alors comptabilisés et à leur horizon immédiat, il est aisé de comprendre qu'ils étaient beaucoup trop nombreux pour que leur croquis serve, sans plus, de base à un pareil système graphique : taureau, vache, veau nouveau-né, d'un an, etc. Il fallait donc, pour en réduire le nombre à une quantité raisonnable et aisément maniable (un millier pour les premiers temps de l'écriture), recourir à des procédés simplificateurs : ainsi, un même signe pouvait renvoyer à plusieurs objets, soit parce qu'ils lui étaient rattachés de près dans la nature (le triangle pubien = la femme ; le pied pour marquer toutes les situations dans lesquelles il jouait le premier rôle : station debout, marche, port et transport ; l'épi pour tout le secteur des céréales et même de leur culture) ; soit à la suite d'une convention (dans ce pays limité au nord et à l'est par des montagnes, le signe de la montagne pouvait définir aussi « ce qu'il y a par delà » = l'étranger) ; et l'on avait encore, à la manière des artistes, la possibilité de composer de menus tableaux, en juxtaposant des signes, dont la mise ensemble évoquait davantage, ou autre chose, que la simple addition de leurs valeurs respectives : la charrue + le bois = cet instrument aratoire ; + l'homme = son utilisateur, l'agriculteur. Ainsi, un millier de signes, en tout, mais la plupart, il est vrai, polyvalents, pouvaient-ils suffire à composer un système permettant de noter, de mettre par écrit, tout au moins le domaine couvert par la comptabilité.

C'était là, il faut le souligner avec force, ce qu'on peut appeler une écriture de choses : ses signes se rapportaient d'emblée — directement ou non — aux objets matériels eux-mêmes, sans passer par les mots qui les exprimaient, comme notre index tendu, pour marquer la « direction à suivre », est immédiatement compris, par tous les locuteurs, de quelque langue que ce soit. C'est ce que nous appelons pictogrammes ou idéogrammes. Une écriture de choses ne note que les choses : les choses brutes, en elles-mêmes, dépouillées de tout ce qui n'est pas elles, à commencer par les plus ou moins subtiles relations entre elles que marque à sa façon la grammaire de chaque langue. Ne mettant côte à côte que des réalités matérielles brutes, une telle écriture est forcément ambiguë. Que veut dire exactement une séquence, de « choses » juxtaposées, comme : PIED + RIVIÈRE + POISSON + FEMME ? Seul celui qui a inscrit ces signes pour mémoriser un épisode de sa vie, est capable, en faisant appel à sa mémoire, de réintroduire les notions et corrélations qui commandent le sens véritable du tout : JE SUIS allé VERS LA rivière ; J'Y AI PÊCHÉ UN poisson, QUE J'AI DONNÉ À MA femme. Ainsi constituée des seuls signes de choses, l'écriture pouvait donc uniquement rappeler à ceux qui l'utilisaient la signification totale et exacte des mouvements et événements auxquels ils avaient été mêlés et desquels, en bons comptables, ils voulaient garder mémoire chiffrée. Dans cet état natif, elle n'était et ne pouvait être qu'un aide-mémoire ; seulement propre à rappeler du connu, mais incapable d'enseigner du nouveau. Voilà pourquoi ses plus anciens documents nous sont, dans leur vérité complète et leur exactitude, indéchiffrables, incompréhensibles, puisque nous n'avons pas été témoins des tractations qu'on y a si laconiquement enregistrées.

Le progrès décisif vers l'intelligibilité totale, le système graphique mésopotamien l'a accompli (un ou deux siècles, à peu près, pensons-nous, après ces premiers témoins de ses commencements) lorsque d'écriture de choses, elle est devenue écriture de mots. Quand ? comment ? grâce à qui ? nous l'ignorons encore. Mais quand nous tombons sur un document archaïque dans lequel le signe de « la flèche » renvoie, manifestement, non pas à ce projectile, mais à une tout autre réalité, réclamée par le contexte : celle de « vie », nous nous disons qu'il y a, là-derrière, un changement considérable dans le système. Il se trouve, en effet, qu'en sumérien (et seulement dans cette langue — ce qui suggère, sans nous étonner, sachant ce que nous savons d'eux, que l'écriture aussi aura été découverte par ces ingénieux Sumériens) le mot qui signifie « la flèche » et celui qui veut dire « la vie » sont homonymes (nous disons : homophones) : ils s'articulent également TI. Quelqu'un, qui parlait cette langue, a compris, un beau jour, que le signe écrit ne renvoyait pas seulement à l'objet qu'il reproduisait ou figurait, mais aussi à son nom dans sa langue, et que ce nom, ensemble phonétique et prononçable, pouvait donc tout aussi bien être évoqué directement et immédiatement par le même signe. Et comme, toujours en sumérien, un grand nombre de mots étaient plus ou moins monosyllabiques (le ciel : AN ; le grain de céréale : SHE ; la verdure : SAR…), les signes, d'abord purement picto- et idéographiques, devenaient ainsi prononçables et phonétiques, chacun renvoyant à un mot qui se trouvait être la plus petite unité articulable : une syllabe. Voilà comment s'est faite — a dû se faire ! — la grande transformation de l'écriture mésopotamienne, passée de l'état de simple écriture de choses, à celui d'écriture de mots et de sons ; directement rattachée, non plus aux seules réalités, mais aux mots, à la langue, et devenue de la sorte propre à rendre celle-ci, c'est-à-dire à cesser d'être un pur aide-mémoire évocateur, pour devenir un système tout aussi clairement et distinctement significatif que la langue elle-même : apte à fixer et matérialiser cette dernière, dans toutes ses extraordinaires capacités.

Certes, vu sa formation même, l'écriture demeurait compliquée, du fait que chaque signe, ayant d'abord renvoyé à plusieurs objets différents, renvoyait donc, aussi — en plus —, à plusieurs syllabes différentes : le « pied », à DU (« marcher »), à GUB (« se tenir debout ») et à TUM (« porter »). Mais, dans la masse des signes, il aurait alors suffi de faire un choix, pour ne garder que ceux (ou leurs valeurs phonétiques) dont l'ensemble (même pas une centaine eût suffi) aurait représenté toutes les syllabes que pouvait composer le système phonétique, assez simple, de la langue, pour être en possession d'une écriture à la fois universelle et considérablement simplifiée, un syllabaire (comme, de nos jours, par exemple, le japonais, en soixante-quatorze signes : *a, ka, sa, ta,* etc.).

En fait, les choses se sont passées tout autrement. Sans doute (c'est mon opinion) par attachement à la condition première de l'écriture, à sa capacité originelle de reproduire des choses, on lui a gardé cette prérogative fondamentale, et les signes ont continué de rendre d'abord les réalités elles-mêmes, de jouer le rôle d'idéogrammes. D'autant que le sumérien, langue « agglutinante », dont les mots ne changeaient jamais de présentation quel que fût leur rôle dans la phrase, pouvait plus naturellement se permettre de représenter chacun d'eux, toujours et partout, par le même signe. On a évidemment tenu compte de leur capacité, nouvellement acquise et dûment reconnue, de renvoyer à des valeurs syllabiques, mais en ne considérant cet usage, après tout tard venu, que comme un simple recours possible, un pur auxiliaire de l'idéographie. Par exemple, pour rendre les mots étrangers, en commençant par ceux empruntés aux « Akkadiens » : ainsi, le « combat » *(tamḫara)*, qu'on était bien obligé de monnayer DAM (mari/épouse) + HA (« poisson » ?) + RA (frapper). C'est du reste l'importance prise par l'akkadien, surtout à partir de la seconde moitié du –IIIᵉ millénaire, qui a étendu et comme universalisé l'usage phonétique des signes. Car en akkadien, langue flexionnelle, dont les mots changeaient d'aspect suivant leur rôle grammatical, si l'on voulait être clair, il était difficile d'exprimer par un seul et même caractère, comme en sumérien : SAG, le mot « tête » qui, sujet, devait s'articuler *rêshu* ; objet d'un verbe : *rêsha* ; et dépendant d'un nom : *rêshi…*

Au cours du –IIIᵉ millénaire, l'écriture, dont l'usage avait largement débordé la simple comptabilité et « tenue des livres » originelles, pour s'employer de plus en plus généreusement et s'étendre à mesure à un nombre croissant de genres littéraires, de prose et de poésie, est en même temps devenue capable d'enregistrer et fixer tout ce que pouvait exprimer la langue, fort loin de son état premier de simple et rudimentaire mnémotechnique ; et elle s'est organisée en un système à nos yeux extraordinairement compliqué. Sans doute a-t-elle réduit au demi-millier — ce qui n'était déjà pas mal ! — le nombre de ses signes. Mais ceux-ci étaient devenus entre-temps parfaitement abstraits : non seulement ils ont été désorientés par une habitude prise de tenir autrement la tablette d'argile qui leur servait de support, nous dirions de « papier », mais on s'est mis, au lieu de les tracer à la pointe sur l'argile, ce qui faisait des bavures, à les imprimer au calame taillé en biseau, ce qui a donné à leurs éléments cette forme légèrement évasée qui nous fait penser à des « coins » *(cunéiforme)* ou des « clous » (en allemand : *Keilschrift*) ; un tel procédé, en supprimant toutes leurs courbes, en a fait quelque chose de très différent, et de plus en plus loin des croquis « réalistes » primitifs : à savoir des caractères tout à fait abstraits, et donc plus malaisés à retenir. En outre, chacun d'eux gardait la possibilité courante de fonctionner, comme au début, en idéogramme et de renvoyer à des choses comme telles ; tout en pouvant être employé aussi pour évoquer des sons monosyllabiques qui composaient les mots de la langue. Et comme chacun d'eux pouvait, en qualité d'idéogramme, référer couramment à plusieurs objets (le « pied » à la « marche », à la « station debout », au « transport »...), il pouvait concurremment, en qualité de phonogramme, renvoyer à plusieurs syllabes (DU, GUB, TUM...) correspondantes. Le contexte renseignait, non seulement sur la langue écrite (sumérien ou akkadien), comme nous voyons du premier coup d'œil si un texte est en français ou en anglais ; mais il renseignait aussi, par un ensemble de dispositifs ingénieux qu'il serait trop long, et oiseux, de détailler ici, sur le choix de la lecture syllabique, de telle sorte qu'au moins les hésitations des lecteurs et les ambiguïtés des scripteurs étaient, sinon rendues impossibles, du moins réduites au minimum, et que l'écriture s'est ainsi rapidement construite en un système logique, cohérent, parfaitement maniable, bref une véritable écriture, au sens plein et total du mot : propre à matérialiser et fixer, dans tous ses détails, tout ce que pouvait exprimer la langue. À ce point qu'on l'a même utilisée, au cours des siècles, depuis avant la moitié du −IIIᵉ millénaire, pour écrire une dizaine d'autres langues, fort différentes entre elles non moins que du sumérien et de l'akkadien ; et qu'au milieu du −IIᵉ millénaire, elle a servi, concurremment avec la langue akkadienne qu'elle notait, d'instrument de communication à la diplomatie internationale dans tout le Proche-Orient, Égypte comprise...

Mais, il y faut revenir : c'était un système fort compliqué, malaisé à acquérir et à pratiquer, dans les deux sens, interdépendants, de la mise par écrit et de la lecture. Cette difficulté a été ressentie dès les premiers âges : parmi les quatre ou cinq milliers de tablettes archaïques qui en sont les plus vieux témoignages, les quelques dizaines qui n'ont évidemment rien à faire avec la comptabilité sont en fait de simples énumérations et catalogues de signes, classés le plus souvent par leur forme et leur sens général (poissons, oiseaux, vases..., métiers et offices...). Elles n'avaient d'autre but apparent que de servir aux scribes de *mémento*, pour apprendre leurs caractères et se familiariser avec eux — comme, autrefois, nos écoliers commençants avaient leurs abécédaires.

Ce caractère épineux, lié à la radicale complication de l'écriture, est sans doute la raison principale du fait que, dans ce pays, lire et écrire n'ont jamais été une chance offerte, au moins virtuellement, à tous, comme chez nous (aujourd'hui !), mais seulement une spécialisation, une véritable profession. Il n'est naturellement pas exclu que quelques individus, pas trop immergés dans le travail manuel, aient réussi (comme c'est le cas en Chine) à acquérir la connaissance d'une poignée de signes et la capacité de les déchiffrer et ânonner. Mais même chez les souverains et les grands, c'était là une situation exceptionnelle, et seuls pratiquaient l'écriture et la lecture des cunéiformes les « scribes », les « lettrés », les « copistes » et « secrétaires », formés depuis leur plus jeune âge, et sur de longues années, par des maîtres, à l' « école » (on disait « la maison aux tablettes »). Nous avons d'assez nombreux et éloquents documents touchant cette formation. Non seulement du matériel d'exercices scolaires : sur une tablette, un signe marqué par la main ferme du maître, et reproduit plus ou moins maladroitement par l'élève ; des copies, plus ou moins gauches et fautives, de quelques lignes de diverses œuvres connues, surtout littéraires ; ou alors des ouvrages de référence : catalogues de signes classés, parfois sur deux colonnes : le sumérien et son rendu en akkadien ; listes de synonymes, d'antonymes, de mots apparentés ; d'expressions spécialisées, par exemple dans le langage de la basoche ou des affaires ; traités grammaticaux, sous forme de diverses formules en sumérien juxtaposées à leur équivalent en akkadien, etc. Nous avons aussi retrouvé quelques œuvres, ou œuvrettes, que les lettrés avaient composées à la gloire de leur corporation, de leur genre de vie et de ses avantages, parfois, du reste, dans un ton légèrement persifleur. Je vais vous citer un passage d'une de ces compositions (elle est de la première moitié du –IIe millénaire), propre à vous éclairer sur la formation, le « métier » et la vie des spécialistes mésopotamiens de l'écriture. C'est un dialogue au cours duquel un tiers

44

interroge, disons, un « écolier », ou plutôt, vu son avancement manifeste, un « étudiant » :

« Jeune homme, es-tu un étudiant ?
– Oui, j'en suis un !
– Si tu l'es, connais-tu aussi le sumérien ?
– Oui, je puis (même) parler sumérien !
– Jeune comme tu es, comment fais-tu pour t'exprimer aussi bien ?
– C'est que j'ai longtemps écouté les explications de mon maître : aussi puis-je répondre à toutes tes questions !
– Soit, mais qu'est-ce que tu écris ?
– J'ai déjà récité (par cœur), puis écrit tous les mots rassemblés dans *(il cite ici un certain nombre de livres d'école)*. Je puis analyser et décomposer l'écriture de tous les signes... Le total des jours qu'il me fallait passer à travailler, à l'école, est le suivant : j'avais trois jours de vacances par mois ; et comme il y a par mois trois jours de fête chômée, c'étaient donc vingt-quatre jours par mois que je passais à l'école. Et le temps ne me semblait pas long ! Désormais, je pourrai m'appliquer à recopier et rédiger des tablettes, à procéder à tous les calculs utiles. Je connais, en effet, à fond l'art d'écrire : de mettre les lignes en place, et de calligraphier. Il suffit que mon maître me montre un signe pour que j'y en raccroche, de mémoire, quantité d'autres. Pour avoir fréquenté l'école tout le temps nécessaire, je suis à la hauteur du sumérien, de l'orthographe, du contenu de toutes les tablettes.
Je puis en rédiger de toute sorte : des documents impliquant des mesures de capacité, de 300 à 180 000 litres d'orge ; de poids, depuis 8 grammes jusqu'à 10 kilos ; tous les contrats que l'on pourra me demander : de mariage, d'association, de vente de biens-fonds et d'esclaves ; de caution en argent ; de louage des champs ; de culture des palmeraies... et jusqu'aux contrats d'adoption : je sais rédiger tout cela... »

Par son énumération finale, ce document nous montre à quoi leur long apprentissage conduisait la plupart des « professionnels de l'écriture » : ils devenaient des sortes de ce que nous appelions autrefois (j'en ai encore connu, il y a soixante ans) des « écrivains publics ». Comme tels, ils se trouvaient mêlés de près à l'existence de leur pays : des personnes, mais surtout de la vie économique, juridique, politique, dont ils étaient les seuls à même, grâce à leur profession, d'enregistrer, en forme, tous les actes. Par les reliques sans nombre que nous avons retrouvées, et que nous retrouvons toujours, de leur travail multiforme, de leurs « écritures », ils font retentir jusqu'à nous la voix de leurs contemporains : ainsi pouvons-nous l'entendre, venue d'un peu partout dans le lieu et le temps, ce qui nous autorise à les dévisager, à nous familiariser avec eux — en un mot à en restituer l'histoire, puisque tel est le privilège de cette extraordinaire invention de l'écriture.

Dans le domaine économique, d'importance fondamentale en une contrée si riche et si organisée, les « secrétaires » des multiples « bureaux », méthodiquement mis en place pour contrôler toutes les activités, nous ont laissé, depuis les plus vieilles tablettes encore indéchiffrables, et de toutes époques ensuite, des dizaines de milliers de témoignages du fonctionnement d'une aussi énorme machine, aux rouages multiples et compliqués : ce n'est pas sans raison que, dans un pays aussi parfaitement structuré, on a parlé sérieusement de « bureaucratie ». Ces bureaucrates nous ont laissé d'abord des listes infinies de personnel employé aux divers travaux, d'intérêt public ou privé, avec sa répartition en équipes, les salaires versés, et le compte des absents, des « aveugles » et des morts. Également, par archives entières, des listes de distribution, ou d'encaissement et entrée en magasin, de toute sorte de marchandises et matériaux, parfois en billets quotidiens, repris, en fin de mois, sur des tablettes plus amples, où la balance était faite, après les sorties du mois, de ce qu'il restait en stock. Sans m'étendre sur un sujet infini, et pour ne vous en citer qu'un exemple, typique de ces vieux usages : autour de −1780, dans le palais de Mari, nous avons récupéré le détail des aliments et ingrédients que le cuisinier royal avait sortis du magasin, pour préparer les repas du roi, jour pour jour, et mois après mois, sur plusieurs années.

Je ne suis pas sûr que nous en sachions autant pour notre François Ier ou Henri IV...

Animés d'une haute idée de la contrainte juridique, même s'ils n'avaient pas encore eu l'idée de la formuler en « lois », classées en véritables « codes », les anciens Mésopotamiens n'ont cessé, depuis le haut –IIIe millénaire, de recourir à l'écriture pour mémoriser, et, par là, solenniser et pérenniser les affaires de toute sorte qu'ils ne cessaient de conclure, et leurs notaires et tabellions nous en ont laissé des milliers et des milliers de témoignages : achats et ventes de biens fonciers et d'esclaves ; contrats d'association ; de location de terre ou de bétail ; de fermage ; de prêts à intérêt ; de mariage (l'épouse était obtenue à la suite du versement fait à sa famille, par celle du futur, d'une somme convenue) ; d'adoptions (on y recourait fréquemment, et à diverses fins, y compris pour tourner certaines prohibitions : ainsi adoptait-on un étranger pour qu'une fois entré, par là, dans la famille, on pût librement lui céder un bien-fonds familial, de soi inaliénable...) ; contrats de mise en nourrice, ou en apprentissage — bref, toutes les sortes de « papiers d'affaires », rédigés en forme par les bureaucrates et « écrivains publics », lesquels pouvaient apposer à la pièce écrite leur nom, et même leur sceau, à côté de ceux des parties et des témoins. Vous imaginez aisément ce qu'un historien consciencieux peut arriver à tirer du dépouillement d'aussi monumentales archives, trois, quatre et cinq fois millénaires, et à qui l'écriture a fait traverser le temps. Il faut ajouter que ce qui est vrai des particuliers l'est tout autant de la vie politique : les notaires et scribes royaux nous ont transmis des ordonnances royales, des édits, toutes sortes d'actes d'autorité du souverain, ses donations, ses interventions de tous ordres dans le quotidien du pays, et même les traités internationaux qu'il lui arrivait de conclure, de puissance à puissance.

Dans le secteur de l'Administration et de la Justice, le roi, Grand Juge, déléguait, par force, une partie de ses pouvoirs à des magistrats locaux. Grâce aux minutes conservées de leurs greffiers, nous les voyons, eux et lui, trancher les litiges, réprimer les excès, les délits et les crimes, rendre leurs sentences, et prononcer les peines méritées, pécuniaires ou capitales. Certains monarques ont même veillé à faire rassembler et classer ces décisions de justice, débarrassées des données individualisantes, pour en faire des sortes de modèles à la fois de jugements et de sagesse administrative, réunis dans ce que nous appelons, à tort, des « codes », lesquels ne nous en éclairent pas moins, par les solutions apportées aux infinis problèmes de la vie publique, le sens, qui régnait dans ce pays, de la Justice et du Droit.

S'il y a un domaine où l'écriture, faite pour supprimer les distances, joue merveilleusement son rôle, indispensable, c'est bien celui de la correspondance, entre interlocuteurs éloignés. Les anciens Mésopotamiens, depuis au moins la seconde moitié du –IIIᵉ millénaire, et jusqu'au bout, en ont fait un très large usage, et il nous reste bien, de toutes époques, entre trente et quarante mille lettres, surtout officielles, mais aussi privées. Par sa nature même, entre correspondants ignorant forcément l'écriture, chacune de ces missives requérait l'intervention de deux professionnels : l'un au départ, pour l'écrire ; l'autre à l'arrivée, pour la lire. Aussi commencent-elles régulièrement par une formule de ce genre : « À Untel (le destinataire), dis ceci (toi qui lui liras la présente) : "Ainsi (te) parle Untel (l'expéditeur, dont moi, secrétaire, je transcris ici le message)." » Lorsqu'il s'agit de missives privées, elles roulent plus volontiers sur les affaires, les affaires de toute sorte, que sur les sentiments : je ne connais pas de « lettres d'amour », et il faut croire que les services des « écrivains publics » étaient trop dispendieux pour qu'on se laissât aller, avec eux, à ces épanchements coûteux. Les lettres officielles, fort nombreuses à toutes époques, surtout lors de la première moitié du –IIᵉ millénaire, et du –Iᵉʳ, sont une mine inépuisable de renseignements de toute sorte, touchant l'histoire du souverain, de son palais, de sa capitale, de ses sujets et de son pays tout entier, non moins que de ses rapports avec les monarques et les pays voisins.

Ce que nous n'y trouvons pas, ou pas beaucoup, de l'histoire chronologique, au jour le jour (puisque les lettres n'étaient qu'occasionnellement datées), d'autres professionnels de l'écriture, au service du roi, se sont chargés de nous l'apprendre, dans d'autres documents qu'ils avaient rédigés et qu'ils nous ont laissés. Ainsi ont-ils, sur ordre, dressé des listes de dynasties, de règnes, et, à l'intérieur de chacun, des années successives. Car, en l'absence d'une ère universelle de référence, comme nous, qui numérotons les années « avant » ou « après J.-C. », on datait, volontiers, en Babylonie, en mentionnant un événement jugé plus important et qui définissait l'année précédente, au cours de laquelle il avait eu lieu : guerre, victoire, décision politique, érection d'un temple, d'un palais, d'un monument... : ainsi, pour la vingt-deuxième année de son règne : « l'année du roi Hammurabi (juste après celle) où il s'est fait ériger une statue en "Roi juste" ». D'autres notaires royaux se sont appliqués à retracer, en chroniques plus ou moins prolongées et volontiers tendancieuses, l'histoire d'un souverain, de toute une série de monarques, ou de toute une époque du pays. Et les annalistes, que les souverains assyriens emmenaient au cours de leurs campagnes annuelles, étaient de même chargés de nous apprendre, en ordre, épisode après épisode, et année après année, le déroulement de ces entreprises de conquête, de soumission des plus faibles au tribut, de razzias et de pillages annuels que ces rois se glorifiaient de mener périodiquement à terme — étant bien entendu, pour les rédacteurs, qu'elles n'étaient faites que de victoires...

Je m'arrête dans l'énumération des énormes dossiers que la possibilité et la pratique de l'écriture ont portés à notre connaissance, d'un passé autrement disparu et si longtemps oublié. C'est grâce à ces « professionnels » et à leur travail assidu que nous avons à notre disposition d'aussi notables segments de cette longue trajectoire, près de trois fois millénaire, parcourue par les vieux Mésopotamiens, desquels nous sommes ainsi en position de reconstituer l'histoire, la vie, les progrès et les dégringolades, les heurs et les malheurs, parfois jusqu'aux détails les plus significatifs, les plus inattendus... ou les plus triviaux.

Tous ceux qui étaient passés par l'« école » et avaient ainsi fait, en Mésopotamie, de l'écriture leur profession, à notre avantage, ne finissaient pas tous « écrivains publics », secrétaires officiels et rédacteurs des actes publics, ou, comme nous dirions,

obscurs scribouillards et « gratte-papier » — plus précisément :
« gratte-tablette » (DUB. SAR). Les plus doués, les plus brillants,
les plus ambitieux ou les plus chanceux pouvaient devenir, eux,
de véritables *lettrés,* hommes de lettres, voués aux lettres et en
vivant, capables, non plus seulement de coucher par écrit les
idées, les sentiments et les volontés des autres, mais les leurs
propres, de créer des œuvres écrites personnelles, et d'accéder,
du coup, à l'état d'écrivains véritables : poètes, penseurs ou
savants, dans tous les départements de la connaissance et du
goût.

L'écriture, comme je l'ai expliqué, par la diffusion locale et
« chronique », et le partage des idées qu'elle rendait possible,
offrait seule les moyens de constituer des traditions solides, par
cumul d'informations exactes, par rumination du mot à mot
des discours, par révision des acquis, le tout constamment mis,
dans le lieu et le temps, à la disposition de tous. Dans le
domaine de ce que j'appelle la « littérature occasionnelle »,
écrite au jour le jour, pour répondre à des besoins précis, par
les secrétaires, notaires, copistes et « écrivains publics », et dont
je viens de parcourir à grandes enjambées le registre, il s'est
constitué ainsi, au cours des siècles, modifiables selon les
besoins, les lieux et les époques, des habitudes, des contraintes,
des formalités de vocabulaire, de style, de présentation, de libel-
lés, exactement respectées dans les divers types de documents
qu'elles caractérisaient : économiques et administratifs en tous
genres, contractuels, judiciaires, épistolaires et « historiques ».
Comme si, laissées à la liberté et à la fantaisie de chacun, ces
pièces n'avaient pas eu de valeur. Notez que nous en sommes
encore là : notaires et greffiers de tribunaux en savent quelque
chose...

D'autres traditions, de fond et de forme, ont été constituées,
observées et propagées de même, par les lettrés de haut rang,
les écrivains, les hommes de lettres, qui se vouaient à l'invention
et la composition d'œuvres littéraires proprement dites, produites, non pour une occasion ou un besoin ponctuels et précis,
mais comme « pour le plaisir », « à la demande », et destinées

50

d'emblée à tous, dans le temps comme dans le lieu — ce que j'appelle la littérature proprement dite.

Le premier ensemble littéraire que nous ayons retrouvé — et il n'y a guère de chances d'en découvrir jamais un plus ancien, vu l'antiquité et l'usage encore sommaire de son écriture — est daté des alentours de –2600 ! Il est difficile, et parfois impossible, de le comprendre, déchiffrer et traduire en entier, parce qu'on a la nette impression que c'est la simple notation écrite d'une tradition orale, et que l'écriture, encore en grande partie aide-mémoire, avait été utilisée principalement pour rappeler aux lecteurs (aussi lettrés que les auteurs !) des discours qui couraient jusque-là, et encore, de bouche à oreille. Certains genres littéraires s'y dégagent déjà : des prières, des chants religieux, des mythes, des « conseils d'un père à son fils », et chacun se définit par un ensemble de conventions qui seront respectées dans la suite, à ce point que nombre des œuvres attestées dans cette « littérature » vénérable ont été reprises plus tard assez exactement pour que, grâce à ces versions récentes, nous puissions pénétrer plus ou moins les textes, écrits aussi rudimentairement et obscurément aux alentours du –XXVIIe siècle.

Je ne vais pas m'étendre, ici, ni sur ces « belles-lettres », ni sur les constantes traditionnelles proprement littéraires qui les caractérisent, selon les « genres », édifiées et imposées, avec le temps, grâce à l'usage de plus en plus étendu de l'écriture. La raison principale en est que la plupart des œuvres « littéraires », dans ce pays, ne relèvent pas seulement de préoccupations du goût, de l'esthétique, de l'art de bien écrire pour faire apprécier ce qu'on écrit, mais, le plus souvent, d'autres secteurs de la culture : la « science » ou la religion, dont j'aurai l'occasion de reparler plus en détail. Les tournures de style, les images, le vocabulaire, les procédés poétiques (certains empruntés immédiatement au discours oral, qui, en Mésopotamie, a précédé, et toujours accompagné, beaucoup plus largement, le discours écrit), et même les thèmes exploités, souvent repris, d'un écrit à l'autre, tels quels, ou plus ou moins profondément modifiés — bref, tout ce qu'on appelle familièrement la « cuisine » de la littérature : le travail proprement littéraire, sautent aux yeux à tout bout de champ, lorsque l'on parcourt, seulement, et encore mieux lorsqu'on étudie de près les œuvres innombrables : en poésie ou en prose, consignées sur les tablettes cunéiformes. Je dois dire que les assyriologues ne semblent guère, jusqu'à présent, s'y être beaucoup intéressés de près, et je ne connais pas d'ouvrage, à la fois sérieux et approfondi, consacré, sous cet angle, aux « belles-lettres » de Mésopotamie.

Mais ces traditions littéraires, issues de l'usage de l'écriture par ses professionnels de haut niveau, ont moins d'importance que celles trahies par les ouvrages de préoccupations avant tout « scientifiques » et religieuses — sur lesquelles je vais revenir, au moins indirectement.

3.

L'intelligence du monde

La civilisation mésopotamienne s'est donc inventé et mis au point, en même temps que l'écriture tout court, une écriture. Elle s'est ainsi donné le moyen de fixer, de mémoriser et de diffuser à l'indéfini, et, de la sorte, d'approfondir et de perfectionner continuellement ce qu'avait découvert et élaboré l'esprit de ses têtes pensantes, et ce qu'exprimaient ses deux langues : sumérien et akkadien. Par là, elle a considérablement étendu ses possibilités intellectuelles — et, soit dit pour mémoire, les nôtres, même si, loin des antiques et bizarres cunéiformes, nous sommes passés depuis longtemps à cette prodigieuse simplification de l'écriture qu'est l'alphabet, duquel l'histoire a commencé aux alentours du –XVe siècle, non loin de la Mésopotamie, mais pas en Mésopotamie.

J'ai souligné ailleurs combien les porteurs de cette vieille civilisation, Sémites aussi bien que leurs maîtres sumériens, nous apparaissaient dotés, au détriment de la fougue et de la puissance imaginative et verbale, d'« une grande curiosité des choses, comme un besoin de les discerner nettement, de les analyser, de les comparer, de les comprendre, de les mettre en ordre et de les classer, avec une réelle intelligence et lucidité ».

Munis d'un pareil tempérament intellectuel, et, armés de l'incomparable outil de l'écriture, on peut s'attendre que ces gens n'aient pas cessé, depuis très anciennement, de s'évertuer, avec les moyens de leur bord, à étudier et tenter de comprendre le monde *(leur* monde), à s'en faire une idée cohérente et équilibrée, à répondre avec intelligence aux questions que ne cessent de nous poser son existence et sa raison d'être, notre existence et notre raison d'être. Une vision aussi large, traduite en d'inoubliables écrits, il m'est impossible, en si peu de place, d'en tracer un tableau à la fois complet et suffisamment détaillé pour qu'il soit intelligible. Je vais donc, pour mieux faire, me contenter d'en exposer sommairement deux articulations cruciales, qui ne sont plus, comme telles, les nôtres, mais — et c'est aussi le cas pour l'écriture — qui sont toujours au fond des nôtres, et sans lesquelles les nôtres ne seraient pas devenues ce qu'elles sont : d'abord, la conception générale que les antiques Mésopotamiens s'étaient faite de l'Univers, de ses origines et de sa raison d'être ; ensuite l'ordre qu'ils ont introduit dans les opérations de l'esprit, à la recherche de la vérité : une méthode qu'ils ont élaborée pour progresser dans la connaissance des choses, non par le déplacement du corps, l'exploration, manuelle et visuelle, mais par le seul mécanisme interne de l'intelligence — ou, pour m'exprimer autrement, comment ils ont inauguré ce qui devait devenir notre « logique », l'ensemble des règles de conduite de l'esprit en quête du savoir.

Avant d'aller plus loin, il me faut mettre les cartes sur la table. Il est paru, il y a quelques années, un ouvrage original, puissant et rigoureux pour exposer ce que l'auteur — Marcel Gauchet — appelle (et c'est d'ailleurs le titre du livre) « le désenchantement du monde », montrant comment les hommes, d'abord profondément immergés dans le surnaturel et le divin, dont l'existence et les interventions, pensaient-ils, expliquaient tout autour de nous, s'en sont graduellement détachés, ne recherchant plus qu'*ici-bas* les réponses aux questions posées par *ici-bas*, « désenchantant » leur manière de voir, la coupant du ciel et, pour ainsi parler, la laïcisant. Les anciens Mésopotamiens, quelque haute que fût leur civilisation, et vive leur intelligence, n'avaient pas encore « désenchanté le monde » : ils n'avaient pas encore, et de loin, exclu de leur savoir l'intervention constante de ces dieux dont ils s'étaient sentis contraints de postuler l'existence, faute de pouvoir, sans eux, répondre aux infinies questions que leur posaient les choses d'ici-bas et leur fonctionnement. En d'autres termes, leur religion était encore étroitement impliquée dans toute leur optique (comme un filtre appliqué aux lunettes) : tous les regards qu'ils portaient sur eux-mêmes et sur le monde en étaient colorés et conditionnés. Cette religion, je compte l'exposer plus loin comme système. Mais on ne sera pas étonné de la voir intervenir déjà ici plus d'une fois, puisqu'elle était encore chez eux amalgamée à tout, et que, pour les vieux Sumériens et Babyloniens, comme du reste pour tout le monde autour d'eux, l'univers visible se trouvait encore « plein de dieux ».

Voilà pourquoi, ce qui est pour nous la science, la philosophie, lesquelles n'existaient pas encore, était alors remplacé par la *mythologie*, et c'est selon les règles de la mythologie que raisonnaient les anciens Mésopotamiens. La mythologie est une forme inférieure de l'explication, et les mythes, qui en sont l'expression propre, pourraient assez exactement se définir comme des « imaginations contrôlées, calculées ». Dans un monde qui n'avait pas les moyens de rechercher la *vérité*, toujours unique, on se contentait d'ambitionner la *vraisemblance*, multiforme. Devant un point qui intriguait et dont on voulait se rendre raison, dans l'impossibilité de procéder selon une démarche purement rationnelle, rigoureuse et rectiligne, on *imaginait* comment et pourquoi il avait vraisemblablement pu venir à l'existence : on inventait sa genèse sous forme d'une suite d'événements qui aboutissaient précisément à lui. Cette suite d'événements, ce récit étaient imaginaires, mais toujours *calculés pour* aboutir le mieux possible à l'état de choses qu'il fallait expliquer. Si l'on me demande pourquoi se produit tout à coup un orage, je répondrai en invoquant des lois relatives à l'humidité de l'air, à la formation des nuages, aux phénomènes d'ascension rapide de certains d'entre eux, à leur charge électrique... Un Indien du territoire péruvien, lui, répondra à la même question en expliquant qu'il y a un homme géant, au ciel, avec les jambes très longues et qui fait de grands bonds, provoquant ainsi le grondement mobile du tonnerre, par le bruit de ses bonds d'un côté à l'autre, et les éclairs par les brusques éclats de ses yeux...

Voilà un « raisonnement » mythologique, voilà un mythe ! À la question posée, moi, j'ai répondu par la seule explication qui ait chance d'être juste et vraie, prise de la propre nature du phénomène, en suivant le chemin unique qui mène de la cause à l'effet ; l'Indien, lui, a recouru à son imagination, une imagination calculée et adaptée à son but, une explication mythologique, qui n'est que vraisemblable, plausible, puisque, si elle suffit, de soi, à rendre compte du phénomène problématique, non seulement elle n'est pas « démontrée » et sûre, mais elle n'est pas la seule à pouvoir jouer ce rôle : il serait aisé d'imaginer, et l'on a, de fait, imaginé, çà et là, comme en témoigne le folklore, quantité d'autres récits de même veine, pour rendre tout aussi plausiblement raison de l'orage, de ses arrivées inopinées, de ses déplacements dans le ciel, de son tintamarre et de ses fulgurances.

Les anciens Mésopotamiens, à qui la longue tradition de leurs expériences, de leurs observations et de leurs réflexions cumulées grâce à l'écriture avait permis de découvrir la cause exacte et précise de quantité de phénomènes singuliers, ne disposaient que des recours à la mythologie pour faire face aux grandes et infinies questions que leur posaient le monde, son contenu et son fonctionnement. Ils en ont fait un usage « rationnel » et se sont de la sorte composé une image intelligente et équilibrée de l'Univers, une image au moins vraisemblable, puisqu'ils n'avaient pas de quoi découvrir la vraie — et nous non plus, sans doute, en tout cas à cette heure, et malgré tout notre savoir.

Ils se figuraient donc l'univers, autour d'eux, comme un immense sphéroïde creux, dont ils *voyaient* la partie supérieure, lumineuse et brillante, qu'ils appelaient « En haut » ou « Ciel » (en sumérien : AN), et dont ils *déduisaient,* comme son complément inséparable, l'hémisphère inférieur, qu'ils appelaient « En bas » ou « Enfer » (KI), obligatoirement ténébreux et lugubre, comme tout ce qui est souterrain. Le plan diamétral de cette énorme sphère était, à leurs yeux, occupé par la Mer, l'Eau-salée, substance particulière et irréductible, et qui, selon eux, n'était pas du tout, comme nous le pensons, faite d'un mélange d'eau et de sel. Au milieu de la mer, comme une île, émergeait ce que nous appelons la Terre — plate évidemment — dont la partie à la fois centrale et supérieure était, la chose allait de soi, la Mésopotamie, centre du monde. La Terre reposait sur une immense nappe souterraine d'Eau-douce, celle-là même que l'on trouve en creusant les puits, et qui jaillit du sol par les sources. Au-dessus d'eux, dans l'espace du Ciel, circulaient inlassablement quantité de corps lumineux : astres et planètes, dont une observation séculaire, sous ce ciel d'Orient, perpétuellement limpide, leur avait fait constater l'infaillible régularité des mouvements et la ronde éternelle. Les plus volumineux et lumineux d'entre eux présidaient chacun à une moitié du temps : le jour et la nuit. Sur la Terre, comment ces gens n'auraient-ils pas observé, tout aussi intrigués, d'autres phénomènes multiples, les uns se succédant avec une régularité parfaite (telle la crue printanière des deux fleuves), les autres, dans un total arbitraire : comme les inondations, les pluies, les changements de direction des vents, la brusque arrivée des orages. Comment expliquer tous les mystères, les obscurités, les ambiguïtés d'un aussi gigantesque tableau, dont le moindre détail dépassait visiblement de loin les forces humaines ? Et comment rendre compte, encore, ici-bas, des secrets de la germination des céréales et des plantes, au sein de la terre, et du croît des animaux et des hommes dans l'obscurité du ventre maternel ? Pourquoi les extraordinaires propriétés du Feu, à la fois destructeur, purificateur et propre à changer les solides en liquides et à cuire le cru ? Pourquoi les étranges et irrépressibles pulsions de l'amour physique ? Et ainsi de suite : le monde, en vérité, était plein de mystères.

Pour les éclairer, en apaisant leur irrépressible curiosité et « désir de savoir » (le propre des hommes, par leur nature même, disait mon vieil Aristote), depuis la nuit des temps, au cours d'un interminable développement de la pensée, dont nous ne savons et ne saurons jamais rien, les anciens Mésopotamiens, comme tant d'autres, avaient fait appel aux moyens de leur bord : à la mythologie, à l'imagination calculée, contrôlée. Derrière ou dans chacun de ces phénomènes problématiques, ils avaient donc imaginé comme des « moteurs », des « animateurs », des « directeurs » : le Ciel et l'Enfer, la Mer et la Terre, le Soleil, la Lune et les Étoiles avaient, en eux ou derrière eux (on ne semble jamais avoir bien éclairci cette situation et défini leur exacte position naturelle — ce n'était d'ailleurs pas facile !), chacun son maître, son conducteur, son responsable. Et de même le Feu, la Pousse des Plantes, la Descendance des Animaux et des Hommes, les Passions de l'Amour — et les autres, comme celle qui jette tout à coup les hommes les uns contre les autres, par la Guerre...

Ainsi, dans l'image qu'ils s'étaient faite du monde autour d'eux, ce dernier était comme doublé par tout un ensemble d'êtres, invisibles, assurément, mais dont l'existence n'était pas moins certaine puisque, sans eux, rien n'eût été explicable — tout eût été absurde. Ces êtres, évidemment supérieurs aux hommes, on leur donnait le nom de « dieux ». Les anciens Mésopotamiens avaient rempli de dieux un monde qui sans les dieux était rempli d'énigmes. Ces dieux étaient donc nombreux, par définition, puisqu'ils devaient diriger et faire fonctionner chacun son domaine, sa parcelle de l'univers. Les anciens Mésopotamiens étaient *polythéistes*. Et pour se faire une idée de ces mêmes dieux, invisibles et qui n'existaient, en somme, qu'au bout de leur « imagination contrôlée », ils n'avaient rien trouvé de mieux que notre propre image : les anciens Mésopotamiens étaient *anthropomorphistes*. Leurs dieux devaient être pareils à nous, mais, toujours par définition, infiniment supérieurs à nous, en intelligence, en puissance, et en durée : il était inconcevable que, vu leur rôle, ces dieux fussent comme nous soumis à la mort et au court intervalle de temps qu'elle nous laisse.

Restait une autre série d'interrogations, tout aussi lancinantes et d'abord insolubles, touchant non plus l'état et le fonctionnement des choses, mais leur origine. D'où venait le monde ? Et peut-être surtout, puisque l'on s'intéresse toujours d'abord à soi-même, pourquoi l'existence des hommes ? Quelle était leur raison d'être, le sens de leur présence ici-bas ?

Là encore, le seul moyen de « savoir » (de répondre plausiblement à la question) était l'imagination mythologique. On y a tant recouru qu'au cours des siècles plus d'une réponse a été faite à ces interrogations : comme je l'ai déjà souligné, seule la vérité est unique ; la vraisemblance peut être sauvegardée de multiples façons. Une certitude fondamentale unique n'a jamais varié, pourtant, en Mésopotamie, parce qu'elle était en accord strictement logique avec l'existence du monde surnaturel : ce ne pouvait être que par les dieux que l'univers et les hommes avaient été « créés ». Toutes les hypothèses « vraisemblables », tous les mythes donnant quelque détail de cette création, présentaient les choses chacun à sa manière, facilement contradictoires entre eux ; mais tous attribuaient l'origine de l'univers et des hommes à la seule volonté et intervention des dieux. C'est seulement sur le mode de leur action et sur les moyens et les étapes de la « cosmogonie » : de la naissance de l'univers, que les explications différaient, toutes aussi « vraisemblables » l'une que l'autre, mais variant au gré du point de vue adopté par leur inventeur, lequel se trouvait conditionné par son temps, sa vision des choses, et mille autres particularités de sa pensée et de sa vie. Il ne faut pas perdre de vue que les ouvrages : les documents cunéiformes dans lesquels nous puisons les détails de ces mythes, sont chacun d'une époque différente dans la longue durée de la civilisation locale et de la réflexion, chacun d'un autre milieu et d'un autre auteur ; ainsi se justifient leurs incohérences, qui ne portaient nullement préjudice à leur rôle.

Pour n'en citer qu'un choix, les uns avançaient que le monde était né comme naissent les hommes et les animaux, par génération naturelle, suite à l'accouplement de parents divins : le dieu d'En haut, du Ciel (AN), fécondant la déesse d'En bas, la Terre (KI), pour faire naître le cadre de notre existence. Parfois, c'était une suite de générations « en cascades » : le Ciel donnant naissance à la Terre, laquelle avait donné naissance aux Cours d'eau, etc. ; ou alors un chapelet de créations successives, au fur et à mesure des besoins, par un seul et même dieu, de tout ce qui nous fait vivre. On a également imaginé une sorte d'énorme chaos initial, résolu par la lutte entre deux dieux, dont l'un avait emporté avec lui, pour sa part, l'En-haut, l'autre, l'En-bas, faisant de la sorte apparaître le premier cadre d'un monde en ordre. On a encore présenté la naissance du monde sur le mode, si je puis dire, « industriel », comme le résultat d'opérations techniques analogues à celles qu'on avait mises au point et que l'on pratiquait pour ajuster et fabriquer n'importe quel produit manufacturé : on insistait alors sur la préparation soigneuse du projet, qui avait nécessité une réunion d'experts et de « décideurs », comme on dit maintenant, à savoir les plus grands dieux, lesquels avaient mis au point, en détail, le plan de ce grand œuvre, qui serait réalisé ensuite selon ce plan.

Vous aurez remarqué que le mode précis d'action des dieux pour fabriquer le monde, quel qu'ait été le mythe choisi, n'est jamais nettement défini, ni la fabrication exactement décrite : faute de pouvoir *tout* imaginer en détail, on restait dans le flou, en utilisant des verbes de sens vagues : « faire », « préparer », « construire », « donner naissance »… C'est, d'une part, qu'on n'arrivait guère à s'imaginer assez précisément les choses ; mais aussi, et surtout, que le principal effort de la pensée portait sur la mise en relations de ce que l'on croyait la véritable cause, surnaturelle, avec son effet, pour accuser combien l'univers, et tout ce qu'il renfermait, dépendait, dans son existence comme dans son fonctionnement, uniquement des dieux, quel qu'eût été leur mode d'intervention. Une chose encore, pourtant : il n'était pas possible de se les représenter tirant le monde du *néant*, du reste inimaginable. Pour le créer, les dieux étaient toujours partis d'une matière préexistante : l'énorme masse chaotique ; ou l'argile à modeler ; ou alors une partie, déjà créée, du monde. Les anciens Mésopotamiens ne se sont jamais posé l'insoluble question de l'origine absolue des choses. Peutêtre faut-il reconnaître là un effet de leur pénétration et de leur intelligence : à quoi bon se perdre dans les méandres de mythes compliqués et multiplier les imaginations les plus enchevêtrées, dans le seul but de fournir des précisions, jugées futiles et surérogatoires, sans parler de la difficulté de *tout* imaginer ?

Il y a toutes les chances que la question aussi urgente des origines de l'homme, non seulement ait été débattue sur le plan mythologique, mais ait pu donner lieu, comme celle des commencements de l'univers, à des spéculations divergentes. À notre connaissance, pourtant, l'une d'elles paraît l'avoir emporté sur les autres et les avoir éliminées, à ce point que, dans notre dossier, nous ne connaissons pratiquement qu'elle. Elle a même fait, vers −1750, le sujet d'un chef-d'œuvre de la littérature et de la pensée locales, un grand poème mythologique de mille deux cents vers, dont il nous reste environ les deux tiers, bien assez pour en comprendre la portée et la suite. Nous l'appelons *Le Supersage*, pour traduire l'akkadien *Atrahasîs*, qui est le nom du héros. Je vais le résumer parce qu'il nous fournit clairement la belle image, logique, cohérente et intelligente que les anciens Mésopotamiens s'étaient faite de la raison d'être des hommes, du rôle fondamental et irremplaçable qui leur avait été assigné, et de la place qu'ils tenaient dans l'énorme et compliqué mécanisme de l'Univers.

Il commence bien avant l'apparition des hommes : il n'y avait donc encore que les dieux, et ils étaient par conséquent obligés — au moins une partie d'entre eux, considérés comme inférieurs aux autres — de travailler pour se procurer de quoi vivre : manger et boire, se vêtir, s'orner et se parer le corps, se mettre à l'abri... Ces dieux « ouvriers » travaillaient sous les ordres des plus grands et haut placés d'entre eux, qui ne faisaient que gouverner. Les travailleurs divins en ont un jour assez, et de s'épuiser au travail, et d'être traités différemment de leurs « patrons » : ils se mettent proprement en grève. C'est alors qu'intervient le plus intelligent d'entre les dieux, le grand Enki/Ea. Il propose de créer un remplaçant des dieux grévistes, capable d'exécuter le même travail qu'eux, avec autant d'alacrité et d'efficace, mais qui ne pourra jamais revendiquer un changement de statut, comme avaient fait avec succès les grévistes divins. Ce sera l'homme : l'intelligence et la productivité lui seront assurées par la présence dans la matière première de son corps du sang d'un dieu de second rang immolé dans ce but ; et l'impossibilité de jamais songer à se faire élever au statut de dieu lui viendra de cette même matière première : l'argile, qui le rappellera un jour à lui, puisqu'une locution courante, en akkadien, pour « mourir », c'était « retourner à l'argile ». Ainsi est ajusté, approuvé par les dieux, ravis, un prototype d'homme, lequel est ensuite mis en fabrique, si je puis dire (le passage est lacunaire et une partie nous échappe), en sept premiers couples.

Les hommes se livrent aussitôt au travail ; et comme, d'une part, c'est un trait bien connu des imaginations du cru, s'ils sont bien et irrévocablement voués par leur propre nature à la mort, leur vie est encore très très longue ; qu'ils ne connaissent aucune maladie, aucune mortalité infantile, et qu'ils profitent largement des produits de leur travail, même s'ils n'en consomment que les surplus après avoir abondamment servi les dieux, leur nombre s'accroît vite et extraordinairement, et le vacarme qui monte de leur foule, à proportion. Si bien que, ne pouvant plus dormir, le roi des dieux, Enlil, veut les décimer (au risque de les anéantir) : d'abord par l'Épidémie, mais le dieu Enki les en tire ; puis par la Sécheresse et sa suite obligée, la Famine, mais il les en tire encore. Alors Enlil, furibond de voir ses plans déjoués, se résout à anéantir purement et simplement les hommes, par un fléau sans remède : le Déluge. Mais le très rusé Enki, enseigne à son protégé, le roi du pays, surnommé Super-sage, à se faire un bateau pour y emmener sa femme, ainsi que des couples de tous les animaux, ce qui assurera la relève sur tous les plans. À la fin, le roi des dieux, Enlil, ayant (stupidement, il faut le dire) protesté contre le fait qu'un homme ait été sauvé et que la race humaine persisterait donc avec ses inconvénients pour son repos, Enki supprime la cause du litige : à l'avenir, non seulement les hommes ne vivront plus qu'une durée de vie beaucoup plus courte, mais la mortalité infantile ainsi que la stérilité, pathologique ou volontaire, de bien des femmes diminueront fortement leur nombre. L'âge mythique, celui où sont formées et, s'il le faut, retouchées les créatures, est alors terminé ; l'âge historique commence, celui dont nous avons mémoire et qui, sans la moindre rupture depuis, a inauguré et commandé notre histoire.

Pour mieux apprécier et pénétrer ce tableau des origines de l'homme et de sa place dans l'univers, il faut garder conscience qu'une pareille construction mentale est le résultat d'une réflexion mythologique, autrement dit, je le rappelle, d'un exercice d'imagination, contrôlée par le souci d'adapter à son but l'histoire ainsi agencée. Or, l'imagination ne crée pas : elle peut seulement reproduire, combiner et transposer des images et des situations connues par ailleurs. Les auteurs du mythe du Super-sage ont bel et bien transféré dans cette vision du monde et de l'homme un état de choses familier, à l'époque, à tous les habitants de la Mésopotamie — et à d'autres alentour —, à savoir les conditions économiques et sociales qui réglaient les rapports des propriétaires fonciers, personnages nantis et à l'aise, et les gens du peuple, les ouvriers, qui travaillaient en effet les biens-fonds des nantis pour en assurer le rendement, d'abord et surtout à l'avantage de leurs propriétaires, et, subsidiairement, au leur. Le monde, selon ces vieux mythologues, c'était donc la propriété foncière des dieux, des dieux seuls, un immense réservoir de matières premières à travailler pour les transformer dans toutes sortes de biens consommables, utiles et somptuaires. Et les hommes avaient été mis au monde pour accomplir cette œuvre et jouer par là le rôle de serviteurs des dieux. C'était là, il faut le reconnaître, une vision parfaitement intelligente et tout à fait adaptée à notre expérience, à ce que nous savons de notre vie ; une vision noble et non dénuée de grandeur, dans un monde encore « enchanté » et manifestement théocentrique ; une vision dans laquelle on avait intégré, pour lui donner un sens logique et élevé, la double constatation que l'homme ne peut pas ne pas travailler sans cesse les matériaux que lui fournit la nature ; et que, non seulement il n'est pas le maître de l'univers, mais qu'il y est transitoire et voué à la mort. Dans le mythe d'*Atrahasîs*, cette loi implacable, contre laquelle on ne sent pas la moindre révolte — les vieux Mésopotamiens savaient accepter l'inévitable et s'y plier —, est expliquée par la nécessité de séparer, d'un infranchissable hiatus, les dieux et les hommes. Nous le savons par ailleurs, grâce à d'assez nombreux documents : à la mort, pensait-on, il ne restait du défunt que deux choses : d'un côté, son corps, figé dans une façon de sommeil, qu'on ensevelirait et qui, plus ou moins vite, « retournerait à l'argile », pour obéir aux dieux qui l'avaient fait d'argile ; d'un autre côté, cette vision incertaine et aérienne que l'on gardait des défunts en souvenir, en rêve, en vision, en hantise : pour les vieux Mésopotamiens, c'était là le « fantôme » du mort, lequel, introduit sous la terre par l'ensevelissement, gagnait l'Enfer, l'énorme caverne silencieuse et noire, symétrique à l'hémisphère céleste et lumineux. Là, tous les morts se rendaient semblablement — c'était leur « destin » — sans qu'intervînt un « jugement » quelconque pour fixer à chacun un sort différent selon la moralité de sa conduite ; et ils y menaient indéfiniment, moins une vie qu'une existence larvaire et engourdie (comme le cadavre « endormi »), triste et mélancolique, à jamais.

On doit reconnaître qu'une pareille vue du monde et de notre condition humaine, pour seulement « vraisemblable » qu'elle pût être, était du moins rationnelle : logiquement déduite, et avec beaucoup d'intelligence, à défaut de poésie, des constatations répétées et des convictions acquises : théocentrisme et radicale supériorité des dieux, seuls maîtres de tout ce qui existe ; et condition évidemment « servile » et laborieuse de l'existence des hommes ; non moins que leur inéluctable condamnation à mort en même temps que l'impossibilité de les imaginer alors « retournés au néant », idée abstraite et infigurable. Je n'ai donc pas eu tort d'annoncer « une image intelligente du monde », à la lointaine source de la nôtre.

Pour continuer sur ma lancée et exposer encore une ou deux découvertes capitales de cette antique civilisation, que, plus ou moins modifiées, nous pouvons encore discerner dans la nôtre, je voudrais montrer comment, toujours à travers leur vision mythologique et « vraisemblable », ils ont contribué, de loin, à mettre au point un des outils essentiels de la pensée, en préparant, à leur manière, l'accession au savoir, à la science, je veux dire par là la possibilité de découvrir et de connaître avec certitude les choses par la seule force du raisonnement.

Il me faut parler, pour cela, d'un phénomène, qui serait plutôt à nos yeux futile, frivole et vain, à savoir la divination : la connaissance de l'avenir, qui a préoccupé et préoccupe encore tous les hommes. Les anciens Mésopotamiens, entre la fin du –IIIᵉ millénaire et le début du second, ont mis au point une méthode tout à fait originale, et qui leur était propre, de savoir l'avenir. Elle était logiquement implantée dans leur écriture en son état le plus ancien, jamais effacé ou oublié, comme je l'ai expliqué ; et également dans une vieille conviction, perpétuelle dans le pays, qui identifiait le nom d'une chose et la chose elle-même. Pour nous, le nom est un bruit de voix qui désigne arbitrairement une chose, mais qui, de soi, n'a rien qui le relie nécessairement à elle. Pour eux, le nom *était* la chose elle-même qu'il désignait, la chose sonorisée quand le nom était prononcé, et la chose écrite quand il était écrit. L'homme qui écrivait — et c'est l'évidence qui a dû sauter aux yeux des premiers inventeurs, puis des usagers de cette écriture cunéiforme —, en dessinant les caractères qui représentaient et re-produisaient des objets, *faisait* et *produisait* donc ces objets eux-mêmes. Et donc les dieux, créateurs de tout et qui, pas seulement aux origines mais chaque jour, produisaient les êtres et les événements, *écrivaient* donc, eux aussi, à leur manière, ces êtres et ces événements. Le monde entier, œuvre des dieux, était pareil à une tablette écrite et, comme elle, rempli de messages. Lorsque les dieux, censés débonnairement condescendre à révéler l'avenir, voulaient le faire à l'adresse d'un individu ou du souverain et du pays, ils formaient donc un être ou un événement singulier, inhabituel, extraordinaire, monstrueux, pour avertir les intéressés que ce qu'ils avaient fait là contenait un message concernant leur avenir, que les dieux connaissaient, eux, forcément, d'avance, puisqu'ils l'avaient conçu avant de le réaliser. Autrement dit, lorsque les choses, dans leur apparition ou leur présentation, étaient normales, c'était, si je puis dire, signe négatif : de non-message, et les dieux manifestaient par là qu'ils n'avaient rien à dire, à révéler. Mais, à partir du moment où se produisait, dans l'ordre de n'importe quelles réalités, puisque toutes et chacune étaient sous la dépendance des dieux, quelque chose d'inattendu, cet être ou cet événement singulier et bizarre contenait lui-même le message d'avenir et l'avertissement des dieux, comme les signes de l'écriture, pictogrammes et idéogrammes, contenaient, enfermaient et exprimaient, le message du scripteur. Mais ce message, comme ceux de l'écriture, était codé : seuls pouvaient le déchiffrer ceux qui avaient appris les multiples valeurs des signes. De même qu'il y avait des professionnels de l'écriture, de même y avait-il des professionnels de cette écriture des dieux qu'étaient les êtres et les événements apparus successivement en ce monde et « écrits » à leur façon, par les dieux. Ces spécialistes, on les appelait *bârû,* terme dérivé d'un verbe akkadien dont le sens est « examiner », « scruter ». Les *bârû* — devins de métier — examinaient et scrutaient les choses inhabituelles ou les événements singuliers, et ils avaient appris à y lire ce que les dieux, en les « faisant », autrement dit : en les « écrivant », voulaient y marquer et nous apprendre concernant l'avenir.

Moyennant quoi, en Mésopotamie, depuis au moins le début du –IIe millénaire, des *bârû* se sont employés à étudier et recueillir, dans tous les domaines de l'univers, toutes les situations insolites, les événements inattendus, les êtres anormaux, de toute sorte, réels ou quelquefois imaginaires, et à les « déchiffrer » et mettre, en regard de leur énoncé, leur traduction concernant l'avenir. Et comme les anciens Mésopotamiens, tout au moins leurs savants et spécialistes, étaient, je vous en ai prévenus, d'une intense curiosité, capables d'infatigables recherches, méthodiques et passionnés de mettre ensemble, logiquement et rationnellement, les choses, de les classer et d'en dresser des catalogues presque infinis, cette préoccupation divinatoire s'est matérialisée dans ce que nous pouvons appeler des « traités » — parce qu'ils sont systématiques — , spécialisés dans tous les secteurs de l'univers : mouvements des astres et des météores (disons astrologie) ; examen des hommes et des animaux tels qu'ils se présentaient à leur naissance, ou pendant leur vie ; rêves ; phénomènes de tous ordres pouvant marquer le cours de la vie quotidienne et qui en embrassent toutes les circonstances ; mais aussi phénomènes provoqués au cours de diverses activités, principalement cultuelles et sacrificielles : et en particulier l'observation de l'état « normal » ou anormal de l'anatomie interne d'un animal sacrifié…

Tous ces ouvrages se présentent comme d'interminables et mornes listes, poursuivies sur plus d'une tablette, de phénomènes insolites, aberrants, singuliers, d'abord brièvement décrits par leurs traits essentiels, dans une première moitié de la phrase, puis leur répondant oraculaire : la portion d'avenir, favorable ou défavorable, « déchiffrée » dans le « présage ». Par exemple : un homme rêve qu'il mange de la chair d'un défunt — un tiers emportera tout ce qui lui appartient. Suivent en bon ordre, la comestion de viande de chien ; de gazelle ; de buffle ; de singe ; d'homme... Et le tout classé, avec une extrême minutie, en faisant varier par des détails de situation, de localisation, d'importance, de grosseur, de couleur, etc., le phénomène essentiel. Par exemple, s'il s'agit d'un naevus, d'un grain de beauté : sa taille, sa coloration, son emplacement : sur le visage, le front, le corps, les bras, les jambes ; à droite, à gauche, etc. La plupart des « traités divinatoires » s'enflent de la sorte en un volume considérable. Celui d'oniromancie (divination par les rêves) faisait onze ou douze tablettes ; celui d'astrologie, soixante-dix ; celui des aléas de la vie quotidienne, au moins cent dix — ce qui donne plus de vingt mille lignes, et autant de cas de figure, puisque chacun remplit une ligne. Pour aider à comprendre le système, parfaitement logique, mais assez loin de nos habitudes, je vais en donner un exemple. Je le prends dans un traité de physiognomonie, où ce qui dissimule le « message » d'avenir est pris de la présentation du corps de l'intéressé :

« S'il a le visage congestionné — son frère aîné mourra.
Si de même et qu'en plus son œil droit est injecté — son père mourra.
Si de même et qu'en plus son œil gauche est injecté — ce qu'il aura hérité de son père prospérera.
Si de même et qu'en plus son œil droit est fixe — dans une ville étrangère, les chiens le dévoreront.
Si de même et qu'en plus son œil gauche est fixe — dans une ville étrangère, ou dans sa propre ville, il prospérera ; ou encore : il n'éprouvera point d'attaque d'une maladie... »

On voit le système de classement et de variation, et on aura noté (c'est un élément bien connu du « code » de lecture) que si ce qui se passe à droite est généralement prometteur d'un avenir favorable ; et ce qui se passe à gauche, au contraire, le principe est inversé dès qu'il s'agit d'un défaut ou d'un mal : un défaut à droite porte malheur ; le même à gauche porte bonheur. Ici, dans l'extrait rapporté, on voit mal (NOUS voyons mal) ce qui autorise à conclure d'un œil fixe dans un visage congestionné que le porteur, se trouvant dans une ville étrangère à la sienne, y sera dévoré par les chiens. Autrement dit, le « code » qui nous permettrait de déchiffrer et comprendre ces « écritures divines » nous échappe en grande partie. Parfois cependant, il est plus limpide : il peut, par exemple, reposer sur ce nous appellerions un « jeu de mots », une assonance, ce qui n'a pas de quoi nous surprendre puisque, aux yeux de gens qui tenaient le nom pour la chose, similitude nominale impliquait similitude réelle. Ainsi :

« S'il pleut *(zunnu iznum)* le jour de la fête du dieu de la ville — ce dernier sera fâché *(zeni)* contre elle. »
« Si la vésicule biliaire (de l'animal sacrifié) est en retrait *(nahsat)* — il y a danger surnaturel *(nahdat)*. »
« Si la vésicule biliaire est prise *(kussâ)* dans la graisse — il fera froid *(kussu)*. »

D'autres fois, c'est un similitude non de dénomination, mais de situation. Par exemple :

« Si, à la droite du foie, se trouvent deux "doigts" (sorte d'excroissance) (au lieu d'un seul) — c'est une annonce de compétition au trône. »
« Si, à droite de la vésicule biliaire, sont creusées des perforations *(pilshu)* bien marquées : c'est comme lorsque le roi Narâm-Sîn (2260-2223) fit prisonniers, par le moyen de sapes *(pilshu)*, des gens de la ville d'Apishal » (on notera ici l'assonance inversée : PLSH/PSHL)…

Mais, le plus souvent, le « code » nous échappe tout à fait : nous n'avons pas fait nos études avec les devins *bârû*, et nous sommes beaucoup moins au clair qu'eux des complications et secrets de l'écriture cunéiforme et des autres ! — pour l'interpréter avec la maestria nécessaire et tirer de leurs écrits tout ce qu'*eux* en pouvaient tirer.

Quoi qu'il en soit, une chose est hautement vraisemblable, sinon assurée : pour en arriver à cette méthode de prévision de l'avenir, même en l'articulant à la perspective d'alors concernant ce que j'ai appelé « l'écriture des dieux », et l'action divine dans la production des choses et des situations, il a fallu passer d'abord par un temps de ce que j'appelle l'empirisme. Il a fallu que l'on observe des situations anormales suivies d'événements de bon ou de mauvais augure, et que ces situations aient été, au moins partiellement, répétitives, et pareillement observées (mettons que la naissance d'un mouton anormal ait précédé de peu la mort d'un haut personnage, et ce, à plusieurs reprises — on notait tout), pour que l'attention ait été attirée sur ces séquences jusqu'à en faire une loi : *post hoc, ergo propter hoc* — ce qui suit quelque chose est provoqué ou annoncé par cette chose. On a également dû s'apercevoir que dans ces séquences d'événements pouvaient intervenir des analogies de situation (comme : le roi qui conquiert une ville au moyen de sapes, alors qu'un mouton sacrifié quelque temps auparavant s'était trouvé avec des trous — sortes de sapes ! — dans le foie) ou des assonances (comme : un malheur causé à sa ville par son dieu forcément irrité contre elle, peu après une averse de pluie). Seul ce genre de rapprochement a pu déboucher sur la découverte du procédé divinatoire que j'ai présenté, lequel a dès lors déclenché un tel intérêt que l'on s'est mis avec ardeur à rechercher, imaginer, étudier et classer, dans tous les champs de la nature et de la culture, ces événements porteurs d'avenir, jusqu'à en recueillir et mettre en ordre des dizaines de milliers.

Une preuve que le système divinatoire mésopotamien est véritablement issu d'expériences et d'observations nombreuses, c'est que l'on rencontre souvent, dans les oracles qui détaillent la portion d'avenir promise, non seulement des souvenirs historiques (comme cette mention de la guerre du roi Narâm-Sîn contre les gens d'Apishal), mais des quantités de traits individuels, particularisés, et qui ne sauraient, comme tels, être applicables à tout le monde, alors que la divination et ses traités étaient de soi faits pour offrir à *tous* des messages divins concernant l'avenir. Par exemple, dans l'extrait plus haut cité, on suppose que l'intéressé a un frère aîné, ce qui n'est pas le cas de tout le monde ; et, de même, que son père est toujours vivant ; qu'il doit lui laisser un confortable héritage ; qu'il fera un voyage dans une ville étrangère, etc., toutes données trop singulières, contingentes et, comme nous disons, existentielles, pour qu'il fût possible de les appliquer d'emblée à tous les consultants : à tous les clients des devins *bârû*. Je puis citer un autre message d'avenir, particulièrement piquant, mais aussi fort circonstancié, puisqu'il ne pouvait, à l'évidence, intéresser qu'un seul type de personne : une femme ; une femme mariée, dont le mari était toujours vivant ; et qui l'avait trompé ; et qui attendait un enfant de cette aventure, et redoutait un drame à sa naissance... C'est le « déchiffrement » d'une certaine anomalie relevée dans le foie du mouton sacrifié pour que le consultant y trouvât marqué son avenir : « Cette femme (dit le "message"), enceinte des œuvres d'un tiers, ne cessera d'implorer la déesse Ishtar, en lui disant : "Pourvu que je fasse mon enfant à la ressemblance de mon mari ! "» Nul ne peut savoir ou comprendre au nom de quel code une aventure aussi complexe et particulière a pu être tirée de la situation décrite et anormale du foie. Mais qui ne voit qu'un avenir aussi précis et détaillé était strictement réservé à un nombre extrêmement réduit de personnes, alors que la divination était pour tous ? Aussi y a-t-il les plus fortes chances pour que tout « présage », quel qu'en fût l'« oracle » exemplaire cité dans le traité, ait été « traduit » et appliqué à chaque consultant et intéressé par l'avenir produit. Pour le dire en passant, un tel inconvénient a disparu peu à peu des traités, et les plus récents remplacent de tels « avenirs anecdotiques » par leur caractéristique essentielle en même temps qu'universelle : « favorable » ou « défavorable » — ce qui devait en effet fournir à *tous* une réponse immédiatement applicable. Mais que l'on ait incorporé aux traités, tout au moins dans les premiers temps, un certain nombre d'oracles aussi réalistes, anecdotiques et individualisés, « messages divins concernant l'avenir » évidemment puisé dans la vie quotidienne,

70

l'expérience, l'empirisme, les souvenirs historiques, nous ne pouvons le comprendre qu'en nous reportant à une plus ou moins longue période où ce que j'ai appelé la « divination déductive » s'est constitué d'abord, par observation et mise en rapports d'événements successifs, rapprochés et mis en relations étroites. Cette divination, propre à la Mésopotamie, reposait donc sur un certain nombre d'« imaginations » mythologiques acquises et passées à l'état d'axiomes reçus, dans le pays, mais qui sont, à nos yeux, totalement fantaisistes et sans valeur : dans notre monde résolument et depuis longtemps « désenchanté », nous ne pouvons accepter les présupposés indispensables à la crédibilité de cette divination : en particulier le rôle omniprésent des dieux, et l'interprétation « réaliste » de l'écriture et de la langue. Jugée par nous, une telle méthode, divinatoire, mise au point et élaborée par un très long travail de compilation et de réflexion, au plus tard, dès le début du –IIᵉ millénaire en Mésopotamie, et qui y a joué, pendant toute la longue histoire du pays, un rôle central dans la vie des gens (témoin la masse des quelque trente mille documents qui nous en sont restés), est donc une construction arbitraire, de pure imagination et sans valeur objective.

Et pourtant sur une assise aussi fragile, et, à nos yeux, parfaitement frivole, les anciens Mésopotamiens ont bâti quelque chose de solide et de définitif, dont l'essentiel est arrivé jusqu'à nous. À partir du moment où ils ont eu l'idée qu'un phénomène donné pouvait, de par la connaissance et la décision des dieux, laisser attendre sans faute une situation à venir, inconsciemment, peut-être, obliquement, mais pas moins véritablement, ils ont établi entre eux une relation *nécessaire*, ce qui rendait possible de passer avec certitude du premier au second, de déduire le second du premier, par une pure opération mentale faisant « lire » le second dans et à travers le premier, disons conclure infailliblement le second à partir du premier. Soit la proposition suivante prise dans le traité d'astrologie : « Si, le jour de sa disparition (le dernier du mois), la Lune s'attarde dans le ciel (au lieu de disparaître d'un coup) — il y aura dans le pays sécheresse et famine. » Elle implique à la fois un lien *nécessaire*, non pas entre un retard fortuit de la Lune, mais entre tout retard de la Lune, et une pénurie de nourriture causée par une sécheresse. Et ce lien n'est pas seulement nécessaire, mais il est aussi *universel* : c'est toutes les fois, infailliblement, que le retard de la Lune précédera et annoncera l'arrêt des précipitations atmosphériques : avec sa suite également inévitable, la famine. Ainsi, par la seule force de sa réflexion, l'on pouvait donc passer avec assurance d'une donnée connue (le retard de la Lune), à une inconnue : la sécheresse amenant la famine, et cela sans autre démarche que cette opération de l'esprit qui, dans une chose, en découvre une autre, jusque-là ignorée, et désormais certaine. Ce n'est pas encore, certes, notre syllogisme, instrument essentiel de notre recherche de la vérité ; et ce n'est pas encore notre logique, nos règles de raisonnement ; ce n'est pas encore notre science, avec ses exigences, ses contrôles et ses rigueurs, mais aussi ses certitudes acquises et ses progrès indéfinis, mais c'en est le premier pas, d'autant plus enraciné dans l'esprit de ses inventeurs, qu'ils l'ont de plus en plus utilisé et appliqué à des milliers de problèmes, comme nous l'atteste hautement l'existence des nombreux et opulents traités de divination déductive.

Ainsi, à travers les postulats naïfs et caducs de ce système divinatoire, les anciens Mésopotamiens ont-ils apporté à notre esprit et à notre culture quelque chose encore, que les Grecs ont perfectionné et qu'ils nous ont transmis, intégré dans notre système de pensée et joyau de notre civilisation. Non seulement ils nous ont donné un cadre de l'univers, qui est resté longtemps le nôtre, et qui, considérablement revu et amélioré au fur et à mesure des progrès scientifiques, est encore au tréfonds de la vision que nous avons de l'univers, mais ils ont fait les premiers pas sur le chemin d'une connaissance « scientifique » qui nous a permis, entre autres acquisitions, de corriger cette image dans ses naïvetés et de nous doter d'un ensemble de règles de fonctionnement de notre esprit à la recherche du savoir et du vrai — et plus seulement du vraisemblable.

Ai-je eu tort de vanter leur intelligence et leur pénétration et de les présenter comme nos ancêtres ?

4.

Les dieux : une religion raisonnable

J'ai déjà abordé une ou deux fois, et par des biais différents, la religion mésopotamienne : je voudrais maintenant la présenter brièvement, par ses traits essentiels, et comme système. Non seulement c'est, avec celle de l'Égypte, la plus ancienne religion connue, mais, autre avantage exceptionnel, nous pouvons en suivre le développement sur trois bons millénaires. Une religion ne se transmet pas d'un peuple à l'autre : il n'est pas facile de changer de dieux. Il ne faut pas s'attendre à la voir diffusée ailleurs, comme tant de traits culturels. Mais elle a fait partie intégrante de la civilisation mésopotamienne, et, au moins par ses mythes et ses pratiques, elle a pu impressionner, voire influencer plus ou moins profondément les cultures antiques qui l'environnaient, et d'autant plus que le caractère sémitique des unes et des autres les rendaient, comme je l'ai expliqué, plus perméables à de telles influences, même si, pour les accepter et les intégrer, il leur fallait les modifier plus ou moins en accord avec leur propre manière de voir et de sentir. La chose saute aux yeux quand il s'agit des Israélites...

Quand on parle de religion, il faut savoir de quoi l'on parle : autrement on s'expose à tout mélanger et à dire n'importe quoi. Qu'est-ce donc qu'une religion ? On prend le plus souvent ce mot comme exprimant d'abord un phénomène social, un ensemble de croyances et de pratiques collectives propres à une société donnée. Mais une société n'existe que par et dans ses

73

membres : peut-être est-il donc plus sage, plus « réaliste » et plus fructueux d'examiner d'abord la religion, non par rapport à un regroupement d'individus, mais par rapport à chacun d'eux, *hic et nunc,* sur le plan, non pas collectif, mais concret, personnel et avant tout psychologique.

Ainsi considérée, la religion se définit par trois éléments essentiels, qui présupposent tous l'existence, dans l'homme, disons normal, entre autres données foncières de notre nature, d'un pressentiment qu'il doit exister, au-dessus de nous, au-dessus de tout ce qui est visible et palpable, un ordre de choses qui nous dépasse et nous domine tous. Cet ordre de choses, on l'appelle « le Sacré », ou « le Surnaturel », et c'est lui qui explique l'existence et la constitution de toute religion. Il commande, en effet, en nous trois attitudes fondamentales. La plus profonde — parce qu'elle est irréfléchie et comme spontanée —, c'est le sentiment que ce Surnaturel fait naître, un attachement d'inférieur à supérieur. Il est, si je puis dire, à double direction possible : ou bien centrifuge (la crainte, le respect, la distance gardée vis-à-vis de Lui — religions « révérencielles ») ; ou alors l'attirance qu'Il exerce sur nous, l'amour qui nous porte vers Lui (religions « mystiques »). C'est ce que l'on appelle le sentiment religieux, la religiosité, qui varie avec chaque religion.

Mais ce même Surnaturel, nul, et pour cause, ne l'ayant jamais rencontré, tout esprit religieux a besoin de s'en faire une idée (« Par sa nature même, l'homme veut savoir »), de se le définir, de se le représenter — ce qui n'est guère possible qu'en recourant d'abord à l'imagination. C'est la partie, disons « intellectuelle » de chaque religion, qui développe autour du Sacré toute une mythologie, voire une théologie. Enfin, en fonction des sentiments profonds que l'on éprouve envers le Surnaturel figuré et imaginé, on se sent pressé d'adopter à son endroit une certaine ligne de conduite, des règles de comportement : c'est le domaine du Culte, qui, lui aussi, varie, plus ou moins, avec chaque religion.

Chacune d'elles, se trouvant donc obligatoirement composée de ces trois articulations qui la définissent, elles vont nous aider à nous faire une idée de la religion mésopotamienne. Mais encore faut-il tenir compte d'une distinction capitale, qui sépare les religions en deux catégories irréductibles. Les plus connues de nous sont ce que l'on appelle les « religions historiques ». Elles ont été fondées à un moment défini et connu du temps historique (c'est le cas du Judaïsme, du Christianisme, de l'Islam, du Zoroastrisme, du Bouddhisme et de quelques autres de moindre antiquité ou ampleur, comme le Mormonisme), par un individu identifiable, profondément religieux et qui, après s'être fait du sacré et de nos rapports avec lui, des convictions personnelles, les a diffusées, voire propagées et imposées, par lui-même, d'abord, et par des « disciples », puis par des écrits, de lui ou d'eux, qui contiennent l'essentiel de son message. L'écriture, les « livres sacrés et normatifs » sont en effet un élément inséparable de toute religion historique, laquelle s'organise toujours autour d'une tradition, avant tout écrite, qui en fixe et impose le sens et l'esprit, une fois pour toutes, même si, comme tout ce qui existe ici-bas, ce sens et cet esprit sont sujets à des développements, voire des modifications secondaires. La religion mésopotamienne *n'est pas* une de ces religions historiques : elle n'a pas de commencement historique connu ou connaissable, ni de fondateur, ni de livres saints, ni de tradition religieuse rigoureuse et normative. C'est une de ces « religions préhistoriques », ou « populaires » — comme on les appelle —, qui fait strictement partie du bagage culturel d'un peuple (du peuple mésopotamien), de sa civilisation, dont elle représente la face tournée vers le Surnaturel, le Sacré. Elle a évolué, en même temps que cette civilisation, sans se trouver jamais maintenue ou ramenée dans une ligne déterminée — comme au moyen d'une sorte de gyroscope équilibrant — par des « livres saints » qui en auraient contenu et codifié les croyances, les attitudes sentimentales, les rites cultuels ; ou des « autorités religieuses » qui les auraient contrôlées et fait appliquer dans une direction originelle quelconque, voulue ou présumée conforme à la vision et à la volonté du « fondateur », comme c'est le cas des « religions historiques ». C'est là un point capital, qu'il ne faut jamais oublier, au risque de se faire, sur le modèle des religions qui nous sont familières, une idée complètement fausse de celle de la Mésopotamie antique.

Examinons maintenant à grands pas les trois articulations essentielles qui définissent toute religion dans sa réalité profonde et première, psychologique, concrète et individualisée.

En Mésopotamie, *le sentiment religieux* n'avait rien de « mystique ». On peut lire d'un bout à l'autre l'ensemble des prières, des hymnes, de toutes les adresses aux dieux, de tous les mythes à leur propos, fort nombreux, qui nous ont été conservés, et dont le contenu est le plus propre à nous donner le ton des rapports avec les dieux, on n'y trouvera que des marques de respect, de vénération, de déférence, de soumission, d'admiration, du sentiment de la grandeur des dieux et de l'infranchissable distance qui les séparent des hommes, tout au plus du rattachement de serviteurs à leur maître redouté. Pas un seul élan d'attirance, de ferveur, de désir de se rapprocher d'eux, d'attendrissement ou d'amour, de l'impression de trouver en eux quelque chose comme un appoint indispensable de soi-même. Comme le souligne très bien le mythe du *Supersage*, dont j'ai résumé plus haut le contenu, les hommes avaient été faits par les dieux pour les servir : leur attitude cordiale foncière était donc celle de serviteurs devant leurs très hauts maîtres : ils les respectaient, les vénéraient, et n'avaient à leur égard qu'une obligation véritable, travailler pour leur fournir et présenter tout ce dont ils avaient besoin — un point, c'est tout. La religion mésopotamienne était du type « révérenciel » : à l'instar des supérieurs hiérarchiques, les dieux y étaient respectueusement servis, mais pas aimés, pas du tout recherchés comme un complément essentiel de la vie de chacun de leurs fidèles.

Le chapitre des *représentations religieuses* est, forcément, plus complexe et ne saurait s'expédier, comme le précédent, en peu de mots. J'en ai déjà expliqué quelques paramètres fondamentaux, en parlant de la vision mésopotamienne de l'univers, dans laquelle les dieux jouaient le premier rôle. Les vieux Mésopotamiens, pour comprendre quelque chose à cet univers, avaient ressenti le besoin de poser, supposer et comme inférer l'existence de toute une société surnaturelle :

ils étaient *polythéistes*. Avec leur manie classificatoire, ces dieux, ils les avaient rangés en une hiérarchie, transposée de celle de l'État, ici-bas — car c'est elle qui leur fournissait la meilleure image pour se figurer leurs divinités, jouant, vis-à-vis du monde et des hommes, le même rôle, mais en plus grandiose et plus puissant encore, que le roi et ses hauts fonctionnaires à l'égard des sujets du royaume. À la tête de la société des dieux, il y avait donc, comme chez les hommes, un souverain, un roi. Mais jamais cette vision « pyramidale » n'a tourné à la moindre tendance proprement monothéiste. Il leur est arrivé de tant surexalter tel ou tel de leurs dieux qu'on penserait, à première vue, qu'ils en ont fait une divinité à ce point supérieure aux autres, qu'ils l'auraient considérée comme possédant plus que les autres le caractère divin. Mais « les autres » existaient toujours, et ils étaient dieux, eux aussi, ce que ne saurait supporter le monothéisme.

Par ailleurs, les anciens Mésopotamiens étaient *anthropomorphistes*, c'est-à-dire que, dans leur effort de se représenter leurs dieux, leur imagination avait choisi pour modèle leur propre image d'hommes : même apparence que nous ; même répartition sexuelle : dieux et déesses, et le plus souvent appariés en couples, comme nous ; faisant des enfants, comme nous ; et vivant en société, comme nous : travaillés par les mêmes besoins que nous : manger, boire... (dans le récit du Déluge, le poète les dépeint abattus de faim et mourant de soif, puisque le Cataclysme a fait disparaître leurs « fournisseurs » et « domestiques »). Évidemment, la grandeur même des dieux exigeait, comme je l'ai déjà laissé entendre, que l'on prît, pour s'en faire une idée, non pas l'image de l'homme de la rue, du pauvre paysan mal dégrossi, du représentant le plus ordinaire de l'humanité, mais celle des plus hauts personnages de l'État : le roi, la reine, leurs enfants et leur Cour magnifique. En subvenant aux besoins des dieux, les hommes devaient donc se comporter, mais en mieux, en plus riche, en plus fastueux et plus splendide, comme ils faisaient vis-à-vis de leurs souverains : les dieux devaient être logés dans les palais-temples les plus splendides, ornés des vêtements et des bijoux les plus riches, et l'on devait leur faire la vie la plus agréable et oisive possible, avec des promenades, à char ou en bateau, et des fêtes fréquentes. Nous en reparlerons à propos du culte.

Je dois encore dire, au moins en peu de mots, que la notion même de « divinité » a d'une certaine manière évolué en Mésopotamie. Au –IIIe millénaire, sans doute sous l'influence alors dominante des Sumériens, les dieux étaient fort nombreux : chacun supposé derrière ou dans les infinis phénomènes naturels qu'on voulait expliquer par leur intervention (il arrivait que leur nom même trahît ce rôle : Nin-urta : « Patron de la terre arable » = dieu de l'agriculture ; Nin-kilim : « Dame des petits-rongeurs »...) : on pouvait en compter plusieurs centaines. Mais aussi, et sans doute pour la même raison : la prédominance des Sumériens, on les peignait volontiers assez terre à terre, voire « trop humains » : les dieux les plus élevés en dignité se permettant, par exemple, des viols, des incestes, des débordements amoureux... À mesure de l'importance prise par la partie sémitique de la population, et en accord, avec une idée plus élevée que les Sémites se faisaient de leur monde surnaturel, les dieux sont devenus de très hauts et magnifiques Seigneurs, et leur nombre a diminué : l'attention religieuse s'est portée et concentrée sur une poignée d'entre eux, mettons une trentaine, au plus, dont les noms reviennent toujours, les autres ne demeurant plus en mémoire que comme, dans la nôtre, nos saints obscurs et pittoresques du Moyen Âge.

On n'avait qu'une idée vague, et, pour tout dire, imaginaire et mythologique, de la localisation des dieux, problème difficile et qu'on n'a jamais vraiment cherché à résoudre. Si bien que, tantôt on les voyait, chacun dans ou derrière le phénomène de la nature dont sa « direction » expliquait l'existence et le fonctionnement (le Soleil, les Météores, le Feu...) ; tantôt on les réunissait, comme une Cour, « en haut », dans la résidence céleste du roi des dieux. De toute manière, ils demeuraient véritablement, même si d'une manière assez mystérieuse, *dans* les statues et images que l'on faisait d'eux, soit en pierre ou en bois, soit — c'était le cas des « statues de culte » placées dans le temple et objets de la vénération de tous — en feuilles modelées et façonnées de métal précieux sur une âme en bois également précieux : par là, ils étaient réellement présents dans les « maisons » qu'on leur avait préparées, comme de véritables palais : les temples.

De leur siège, après avoir « créé » le monde, comme je l'ai expliqué, les dieux le gouvernaient : rien de ce qui se faisait ici-bas n'échappait à leur volonté, à leur vigilance et à leur intervention. Certes, les Mésopotamiens n'étaient pas assez naïfs pour ignorer les causes immédiates et « naturelles » des choses et des événements. Mais derrière elles, les dirigeant et les mouvant mystérieusement, ils entrevoyaient leurs dieux : maîtres, non seulement de la nature, mais aussi de la culture, et pas moins de l'histoire. C'est parce que rien de ce qui apparaît et se passe ici-bas ne leur était soustrait qu'on pensait que le déroulement des choses, de la vie, de l'histoire, faisait partie d'un « plan » général qu'ils avaient élucubré et préparé — comme le souverain pour son pays, dans ses conseils de gouvernement —, qu'ils le savaient d'avance et pouvaient révéler quelque chose aux intéressés, comme je l'ai expliqué, par la « divination déductive ». Cette dernière présentait ses oracles : autrement dit ses dévoilements de l'avenir, comme autant de « décisions prises » et presque de « sentences » rendues par les dieux concernant le « destin » des individus intéressés, ou du pays entier et de son roi : toujours sur le modèle transposé du Gouvernement royal d'ici-bas, on imaginait même des réunions périodiques des dieux autour de leur Souverain, au cours desquelles ils prenaient (comme les rois) les décisions qu'ils jugeaient utiles ou nécessaires, relatives, et à la marche générale du monde, de la nature et de l'histoire, et au « destin » de chaque individu ; et ces décisions (toujours comme on faisait au Palais) étaient censées, une fois prises, couchées par écrit sur une tablette particulière, la « Tablette aux destins », que détenait, marque de son pouvoir suprême, le souverain des dieux. Pourtant, toujours comme celles des rois, ces décisions n'étaient pas absolues et définitives, mais sujettes, dirions-nous, à appel et à réformation, la liberté de changer étant reconnue un privilège essentiel du Pouvoir. Dans son « code », Hammurabi ordonne qu'une femme ayant été surprise avec son amant, les deux doivent être condamnés à mort ; mais, ajoute le texte, si le mari veut garder sa femme, le roi doit gracier également son complice. Autrement dit, on pouvait obtenir du souverain, comme des juges, évidemment par une prière, une supplique ou en introduisant en forme une demande de grâce, qu'une sentence fût commuée ou annulée. On verra plus loin comment une telle possibilité d'échapper à son destin, une fois décrété par les dieux, était ménagée à tout un chacun.

Car il nous faut maintenant aborder un problème central de toute religion — chacune le traitant à sa manière —, le problème du mal. J'entends par ce mot le « mal de souffrance », tout ce qui vient contrecarrer nos désirs, assombrir notre vie, en nous obligeant à souffrir ce que nous ne voulons pas, ou en nous privant de ce à quoi nous tenons : maladies, accidents, amours contrariées, pertes de situation ou de fortune, tristesses et malheurs de toute sorte. Le plus souvent, les causes immédiates en étaient connues : telle imprudence pouvant provoquer telle maladie, et des dépenses inconsidérées, la ruine. Mais à partir du moment où l'on se considère gouverné par des puissances absolues, et en totale dépendance d'elles, comme c'est le cas de nombre de religions, à commencer par celle de Mésopotamie, comment ne pas voir dans le malheur qui nous arrive, même si nous en savons la cause prochaine, l'effet d'une cause surnaturelle plus lointaine, d'une décision des êtres divins entre les mains desquels nous sommes ? Je sais bien que si je souffre d'une insolation, c'est pour être resté trop longtemps exposé au soleil. Mais pourquoi cette mésaventure m'est-elle survenue, *à moi* ? Pourquoi les dieux me l'ont-ils envoyée ? Pourquoi a-t-il fallu qu'elle fasse partie de mon destin, décrété et voulu par eux seuls ? Tel est le problème posé par le mal. Comment les anciens Mésopotamiens l'ont-ils résolu ?

D'abord, considérant leurs dieux comme supérieurs en tout à eux-mêmes, et par conséquent forcément justes et raisonnables, il leur eût répugné de les imaginer en quelque sorte « sadiques » ou méchants, et s'amusant à nous persécuter sans raison. Du reste, comme nous sommes avant tout leurs serviteurs et leurs « fournisseurs », disons : leurs ouvriers et employés domestiques, les dieux n'eussent pas été sages d'empoisonner notre existence, sans raison grave, diminuant d'autant notre « rendement ». Chaque décision de mal ou de malheur portée par eux contre un individu ou le pays entier devait donc être motivée. Ici encore, les vieux Mésopotamiens ont fait appel à la métaphore fondamentale, qui commandait toute leur mythologie de l'organisation, du rôle et du comportement des dieux : la transposition, « en haut », du Gouvernement de l'État et du Pouvoir royal.

C'est l'office du roi, pour administrer parfaitement son pays, de porter un certain nombre d'ordonnances destinées à définir les obligations de ses sujets et les prohibitions auxquelles il les astreint pour que règne l'ordre public et que le pays prospère. Ceux qui contreviennent à ses volontés ainsi exprimées, il doit normalement (même s'il lui arrive de ne pas le faire) les châtier, de peines infamantes ou afflictives, qui leur sont infligées par les « forces de l'ordre », à son service et à ses ordres. Un tel schéma a été mythologiquement transposé pour expliquer la conduite des dieux face au malheur des hommes, dont ils étaient obligatoirement la cause.

Il était clair que tout ce qui, ici-bas, dicte positivement ou négativement leur conduite aux hommes, toutes les obligations et les prohibitions sans nombre qui quadrillent notre vie, émanait de la volonté expresse des dieux, avait été voulu et ordonné par eux, comme les décisions du souverain ont été édictées par lui pour contraindre ses sujets à se conduire en vue du bien du pays. Il ne s'agissait pas seulement des grandes règles juridiques : défense de voler, de tuer, obligation de pratiquer l'honnêteté, etc., toutes fautes qui relevaient de la justice commune et se trouvaient jugées et punies, de leur côté, par la force publique. Mais (nous en avons quelques listes, parfois fort détaillées, et du plus haut intérêt), mais aussi des contraintes, proprement religieuses, du rituel (par exemple, se laver les mains avant de prendre part à une cérémonie cultuelle), et des obligations ou prohibitions du ressort, soit de la morale individuelle (ne pas gêner les autres ; s'efforcer de les aider...) ou d'une tradition folklorique d'origine immémoriale et plus ou moins inconnue, comparable à celle qui nous fait exprimer des souhaits devant un éternuement (ne pas arracher un roseau dans la roselière ; ne pas uriner ou vomir dans un cours d'eau…). Emanant *toutes* de la seule et même volonté « gouvernementale » des dieux, ces contraintes positives ou négatives étaient tenues pour également respectables et obligatoires, et y manquer constituait une faute de même gravité, puisque c'était faire fi de la décision des dieux, et s'exposer par là, de leur part, à un châtiment : une peine de même sens que celle ordonnée, ici-bas, par les pouvoirs publics pour punir et décourager les fauteurs de désordre.

Cette peine, ce châtiment, c'était précisément le mal de souffrance. Comme le roi ne réprime pas en personne — c'est au-dessous de sa dignité — les contrevenants à l'ordre public, ainsi les dieux n'intervenaient pas eux-mêmes pour châtier les manquements à leurs préceptes : ils avaient pour cela des forces auxiliaires, inférieures à eux et obéissant à leurs volontés : ce que *nous* appellerions des « démons », êtres surnaturels eux aussi, que la mythologie avait imaginés justement pour remplir ce rôle de « gendarmes des dieux », exécuteurs de leurs hautes et basses œuvres. Ces « démons », à notre connaissance, n'ont jamais fait l'objet d'une mythologie développée, ni d'une tentative d'organisation et d'unification : on y trouve, sous des dénominations diverses, des êtres mystérieux et imaginaires, dont l'origine et la constitution nous échappent, de simples sublimations des forces publiques, généralement dépeintes comme effrayantes et formidables ; ou alors des noms de maladies ou de malheurs hypostasiés, non moins redoutables : Fièvre, Jaunisse, Toux, Frisson — un peu comme nous parlons de la Mort, comme d'une personne. Chacun d'eux semble avoir eu, plus ou moins, sa spécialité nocive (par exemple, il y avait une démone, appelée *Pashittu*, l'« Eteigneuse », chargée de provoquer la mort des petits enfants ; et un démon, *Namtaru*, quelque chose comme « (Mauvais) Destin », qui patronnait et causait l'Épidémie). Et c'est ainsi que les dieux les utilisaient, leur commandant de sévir, chacun selon ses pouvoirs, pour châtier ceux qui avaient manqué à leurs ordres.

Une conception aussi simpliste, il faut le dire, pour expliquer le mal comme la répression du « péché », de la désobéissance aux volontés divines, ce qui impliquait un mépris des dieux et une révolte contre eux, n'allait pas sans difficultés. La principale venait du fait que les « théologiens » locaux n'ont jamais cherché à édifier une construction rigoureuse et absolue de la justice des dieux, laquelle aurait, en quelque sorte, obligé ces derniers à châtier systématiquement tous les auteurs de « péchés », de telle sorte qu'à partir du moment où un homme en avait commis un, il devait infailliblement s'attendre à voir lui arriver du mal, sinon un mal proportionné à la gravité de sa faute. D'abord, toutes les fautes se valaient, étant toutes également des désobéissances aux dieux et des mépris de leurs ordres. Et surtout on ne raisonnait pas *a priori* : J'ai péché, DONC les dieux vont me punir ; mais *a posteriori*, en partant, non du péché, mais du mal qui était censé en constituer le châtiment : J'éprouve du mal, DONC j'ai péché. Une pareille conclusion était facile à tirer lorsque le malheureux avait conscience ou souvenir d'une infraction quelconque. Mais s'il ne se souvenait de rien ? Dans ce cas, on tenait mordicus qu'IL DEVAIT AVOIR péché, autrement les dieux eussent été injustes. Et comme les obligations et prohibitions de tous ordres qui régissaient la vie humaine étaient, je viens de le dire, sans nombre, il y avait toujours chance que, sciemment ou non, volontairement ou par inadvertance — peu importait —, l'intéressé, victime du « mal », en eût transgressé quelqu'une. De toute manière, pour sauver à tout prix la justice des dieux, on pouvait toujours faire appel à la responsabilité familiale : si ce n'est lui, c'est donc son père, sa mère, son frère, etc. Telle était la solution mésopotamienne au « problème du mal » : à nos yeux assez naïve et simpliste.

Tout le monde, d'ailleurs, ne semble pas en avoir été totalement satisfait. Pourquoi tels ou tels « pécheurs », voire véritables malfaiteurs ou criminels, échappaient-ils à la vindicte divine ? On pouvait toujours mettre une telle anomalie sur le compte de la liberté souveraine des dieux : de même que pour des raisons à lui, car il est souverainement libre, le roi peut très bien refuser de sévir contre un sujet récalcitrant, de même les dieux. Mais lorsqu'un individu, tout à coup plongé dans le malheur, en pleine conscience d'avoir toujours respecté, en tout cas, ses obligations principales, au moins envers les dieux, se comparant à des impies notoires, « libertins » et « pécheurs publics », comme nous dirions, et qui, eux, prospéraient, se plaignait d'une telle anomalie ? Dans ce cas, les « théologiens » avaient mis au point une autre solution, à nos yeux assez dérisoire, même si elle paraissait, comme l'autre, d'une logique irréprochable dans la perspective religieuse du pays. Elle était fondée, elle aussi, sur la liberté souveraine des dieux, calquée sur la liberté de leur modèle ici-bas : les rois. Un ouvrage, écrit au cours de la seconde moitié du –IIe millénaire, expose que c'est dans la nature des dieux de changer : ils passent à leur gré, comme les hommes, de dispositions malveillantes et irritées à des moments de grâce. À ce point que l'hostilité — autrement dit l'arrivée du mal — annonce à coup sûr un revirement ultérieur, un retour du bonheur. Il suffit donc au patient d'attendre : demain, il fera beau ! Après la pluie (on commence toujours par là : c'est l'anomalie), vient le beau temps : patientez en faisant confiance ! Sans doute une telle réponse au problème nous semble-t-elle plutôt une dérobade. Mais on doit reconnaître qu'avec leurs présupposés religieux les penseurs mésopotamiens ne pouvaient guère aller plus loin.

D'autant plus que les dieux eux-mêmes avaient, en donnant le mal, préparé le remède. C'est ce que nous appelons l'« exorcisme ». On parle aussi, quelquefois, à son propos, mais à tort, de « magie », alors qu'en réalité, s'il s'en est manifestement inspiré, il représente quelque chose de différemment orienté, et de proprement religieux, ce que n'est pas, comme telle, la magie. De quoi s'agit-il ? Il nous reste une trentaine de milliers de tablettes qui lui sont consacrées, ce qui suppose un usage universel, tout le long de l'histoire du pays. Ce sont des procédures pour obtenir des dieux la relaxe des maux infligés par eux, en châtiment des « péchés » et des fautes, ainsi que je viens de l'expliquer. Chacune est un mélange de gestes et de prières. Des prières par lesquelles le malheureux expose aux dieux son triste état, reconnaît ses fautes qui en sont responsables, et demande aux mêmes dieux de les lui pardonner et de revenir sur la sentence condamnatoire qu'ils avaient portée contre lui — et qui, nous l'avons souligné, pouvait être changée si l'on prenait les moyens de fléchir ses juges, c'est-à-dire si l'on recourait à l'exorcisme. Le patient demande donc aux dieux de donner ordre aux « démons » qui, pour leur obéir, lui avaient provoqué et apporté le mal, de se retirer, et de le laisser tranquille, le débarrassant, de la sorte, du mal qui l'avait frappé. Ces prières sont toujours accompagnées de manipulations, censées représenter des gestes propres à supprimer physiquement le mal, en utilisant, à l'occasion, des manœuvres ou des substances censées efficaces : par exemple, pour éliminer la menace sérieuse que constituait la naissance, dans la maison du patient, d'un avorton ou d'un nouveau-né monstrueux et mort-né, on lui préparait, sur une planchette, une sorte de petite embarcation, avant de le mettre à l'eau, en priant les dieux de commander à la rivière de le faire couler à pic et ainsi disparaître.

De la sorte, les dieux offraient le remède, en même temps que le mal. Et comme, par ailleurs, ils s'arrangeaient pour dévoiler souvent à leurs « serviteurs » l'avenir qu'ils leur réservaient, on peut voir par ce double avantage (complémentaire, du fait que pour chaque avenir menaçant et mauvais, « décodé » par les devins et annoncé à sa future victime, il existait un « exorcisme » propre à l'éliminer), on peut voir que les dieux étaient tenus pour assez débonnaires à l'égard de leurs « ouvriers » et « employés ». C'étaient, comme nous dirions, de bons patrons.

À condition, évidemment, que les hommes s'appliquent à réaliser leur « destin », en se livrant au travail pour fournir à leurs maîtres tous les biens nécessaires à la vie tout ensemble oisive et opulente qui leur convenait. Tous ces biens, issus de leur travail universel et multiforme, les hommes les présentaient aux dieux par le CULTE, troisième et dernier volet du système religieux. Le roi était avant tout chargé d'y veiller, il en était le premier et le grand responsable ; et, dans leurs inscriptions dédicatoires, tout au long de l'histoire du pays, les souverains n'arrêtent pas d'énumérer leurs propres mérites sur ce chapitre : construction de temples magnifiques, ou remise à neuf de sanctuaires menaçant ruine ou simplement démodés ; offrandes répétées du mobilier le plus riche pour garnir ces splendides résidences plus somptueuses encore que celles destinées aux souverains d'ici-bas ; préparation et offrande des plus précieuses statues et images de culte, qui représentaient, et, d'une manière mystérieuse, étaient censées « contenir » la divinité qu'elles figuraient ; vêtements et bijoux richissimes dont on les recouvrait ; et fêtes solennelles et fastueuses qu'on célébrait autour d'eux et à leur intention et honneur, les promenant à char ou en bateau, d'une partie du temple à l'autre, d'un temple à un autre... Au cours de ces fêtes, mais aussi, cela va de soi, chaque jour de l'année, les cuisines du temple et leurs officiants préparaient des repas somptueux et plantureux, d'une technique à la fois fastueuse, riche et compliquée. Nous en avons retrouvé une trentaine de recettes, dont l'étude nous oblige à admettre que les vieux Mésopotamiens avaient déjà élaboré, au moins pour les grands de ce monde et de l'autre, un art culinaire raffiné et savant : une véritable gastronomie. Pour achever de donner une idée du faste qui présidait à ces repas, il nous reste, entre autres, une liste des provisions que les cuisiniers du temple d'Uruk, pour quatre de ses divinités principales seulement, devaient utiliser afin de préparer leurs « quatre repas quotidiens » : deux le matin — un « petit et un grand » — et deux le soir, de même, « pendant toute l'année, chaque jour ». Les chiffres sont impressionnants, et je les cite tout crus : 800 hectolitres de bière fine ; 2 500 hectolitres de farine panifiable ; 18 000 moutons ; 2 580 agneaux ; 720 bœufs ; 3 300 oies et canards engraissés — un effrayant carnage et une prodigalité assez stupéfiante ! Le tout, non pas pour le « sacrifier » au sens « mystique » de ce mot : pour le perdre, s'en priver, au nom des dieux ; mais, au sens matériel, pour en nourrir ces derniers, et leur assurer, même à table, une existence opulente et festive, à la hauteur des propriétaires et maîtres du monde et des hommes.

À la mode du temps, ces repas s'accompagnaient, et de fumigations odorantes, et de chants, le plus volontiers en musique. Il nous reste ainsi un grand nombre d'hymnes religieux, composés de toute évidence à cette fin, dans lesquels les divins destinataires sont glorifiés, magnifiés, loués, admirés et flattés de toutes les manières, et leur bienveillance vantée et implorée au bénéfice de leurs serviteurs, lesquels s'acquittaient aussi parfaitement de leur tâche et remplissaient avec autant de conscience leur « service des dieux » : leur vocation première, qui leur avait valu l'existence.

Tel était le culte magnifique et somptueux que voyaient se dérouler les temples antiques de Mésopotamie. Là s'arrêtaient les devoirs des hommes à l'égard de leurs dieux. Car, à la différence de notre manière de voir et de nous comporter, issue en droite ligne de la religiosité biblique, l'obéissance à un certain nombre de préceptes éthiques, la vie morale n'entraient pas le moins du monde dans les obligations religieuses. Il n'y avait pas de « Décalogue » en Mésopotamie. Une fois exécutées les cérémonies de ce culte, disons : « matériel », et par là dûment accomplie leur fonction de serviteurs des dieux, lesquels pouvaient d'autant mieux compter sur la faveur et la bienveillance de leurs maîtres qu'ils les avaient mieux servis, les hommes ne leur devaient plus rien. Le sentiment religieux foncier qui les animait, c'était la révérence, le respect et l'espèce de crainte qu'éprouvent de très bas ouvriers infimes à l'endroit de leurs patrons sublimes et très haut placés...

Certes, dans la civilisation mésopotamienne, comme dans toutes les autres cultures, la dimension éthique ne faisait point défaut. Même si ces gens paraissent avoir eu pour idéal premier de leur vie, avant tout, un grand désir de réussite et de bonheur matériel, ce qui ne vole jamais très haut, ils avaient une morale traditionnelle, dont les commandements et contraintes transparaissent plus d'une fois parmi nos documents : honnêteté, dignité, entraide, par exemple. Mais cette morale n'avait, de soi, aucun caractère religieux, et ce n'était pas pour honorer les dieux que l'on s'y conformait, mais seulement pour s'assurer une vie en commun supportable, sinon agréable, et une vie personnelle réussie, c'est-à-dire goûtant, sans nuire à personne, à tous les avantages et plaisirs désirables. Y manquer, comme désobéir au rituel, aux lois, aux obligations traditionnelles, exposait, certes, à une réaction vindicative des dieux, soucieux de faire observer les obligations et défenses sans nombre — y compris celles de la « morale » — qu'ils avaient instituées et décrétées pour la bonne marche du monde et de la société humaine. Mais on ne les honorait pas davantage en leur obéissant sur ce point : on évitait seulement de graves inconvénients, propres à compromettre la réussite de la vie...

Un signe, au moins que, vis-à-vis des dieux, l'observance de la morale ne comptait pas particulièrement, c'est que jamais n'est venue à personne, dans ce pays, l'idée d'un jugement, à la mort de chacun, pour lui attribuer, en châtiment ou en récompense d'une vie conforme ou non à la morale, une existence différente dans l'au-delà. Tous les « fantômes » des trépassés, retirés dans l'immense et sinistre caverne infernale, se trouvaient à jamais voués à la même torpeur, morne et mélancolique. On connaissait l'histoire de ce grand homme d'autrefois, Gilgamesh, qui, au prix d'efforts surhumains, avait tenté, mais en vain, d'échapper à la mort et à la triste perspective qu'elle ouvrait à chacun. Et l'on se souvenait de ce que lui avait dit, pour l'avertir de l'inutilité de ses peines, une mystérieuse nymphe rencontrée en chemin. Il faut citer cet avertissement, car il définit à la perfection, non seulement la place des hommes, mais les limites que les dieux avaient assignées à leur idéal de vie :

« Pourquoi donc rôdes-tu ainsi, Gilgamesh ?
La vie-sans-fin que tu recherches,
Tu ne la trouveras jamais !
Quand les dieux ont créé les hommes,
Ils leur ont assigné la mort,
Se réservant l'immortalité à eux seuls !
Toi, plutôt, remplis-toi la panse ;
Demeure en gaieté, jour et nuit ;
Fais quotidiennement la fête ;
Danse et amuse-toi, jour et nuit ;
Accoutre-toi d'habits bien propres ;
Lave-toi, baigne-toi ;
Regarde tendrement ton petit qui te tient la main ;
Et fais le bonheur de ta femme serrée contre toi !
Car telle est l'unique perspective des hommes ! »

Non seulement un pareil destin comportait des avantages et des joies, au moins pendant la vie, mais il avait été assigné aux hommes par les dieux, on n'y pouvait donc rien contre, et les vieux Mésopotamiens savaient se résigner, ne pas regimber contre plus fort qu'eux.

C'est pourquoi je dis que, même si l'on n'y trouve pas de grands élans, de véhéments enthousiasmes, un peu de cette flamme, de cette passion à l'égard du monde surnaturel, de cette sorte de « folie », que nous sommes contraints d'admirer, même si nous en voyons les dangers, leur religion était un système intelligent et raisonnable. Il l'était d'abord par sa construction, disons, intellectuelle, sa mythologie, et, si l'on veut, mais entre guillemets, sa « théologie », où transparaissait cette vision savante des choses qui est une des caractéristiques de leur esprit. En somme, tout reposait sur une *méta*phore, une *trans*position : les dieux, souverains, étaient, dans et pour le monde et les hommes, comme les rois, ici-bas, pour leur pays et leurs sujets — infiniment plus élevés, plus intelligents, plus irrésistibles, cela allait de soi, non moins qu'immortels. On prenait le monde surnaturel pour un reflet magnifié du monde d'ici-bas. Comme les sujets de leur souverain, dont ils étaient taillables et corvéables à merci, les hommes étaient les « employés » des dieux, leurs ouvriers, leurs producteurs, leurs domestiques, chargés avant tout de les laisser se vouer en paix à leur rôle gouvernemental, en leur procurant les biens de nécessité, d'usage ou d'agrément qui leur étaient indispensables. C'est dans ce but que les dieux les avaient calculés et créés, à la fois avec assez de savoir-faire, de capacités, d'énergie pour remplir à merveille un tel rôle, et incapables d'accéder jamais, plus haut que leur nature et « destin », à cette immortalité qui les aurait égalés à leurs maîtres. Tant qu'ils étaient en vie, ils travaillaient donc au service de ces derniers. Après, ils restaient plongés à jamais dans l'inaction, l'immobilité, la somnolence et l'engourdissement indéfinis, remplacés ici-bas par leurs descendants, qui continuaient leur service. Et ce système, intelligent en soi, puisque fondé sur une vision objective et sans illusions du monde, complétée d'explications mythologiques, toutes calculées pour leur plausibilité et leur vraisemblance, à la limite de ce que l'on pouvait ambitionner alors à la recherche de la vérité, ce système s'accompagnait, dans les esprits des vieux Mésopotamiens, non pas de ce que nous appellerions de la « résignation », puisqu'elle implique une façon de regret de ce que l'on n'a pas, mais d'une acceptation qu'il faut bien qualifier de raisonnable.

Il y a des chances que le lecteur de ce résumé, fait à grands pas d'un tel système religieux antique, ait été frappé, une fois ou l'autre, par des traits qui, sans plus appartenir, comme tels, à notre propre vision religieuse, en paraissent une ébauche lointaine. Par exemple, pour citer au moins ceux-là : l'idée du péché ; celle du mal, châtiment du péché ; celle de la prière et des rites par lesquels nous pouvons espérer nous voir à la fois absous de ces fautes et débarrassés de ces maux ; ou encore le propre cadre de l'après–vie et de la condition des trépassés…

Dans d'autres domaines que le religieux, le tableau général mésopotamien de l'univers, comme je vous l'ai esquissé, n'est pas si loin de notre propre conception traditionnelle et préscientifique, héritée de nos parents, qui l'avaient héritée des leurs… Et bien que développées et mises au point *après* les Mésopotamiens et *en dehors* d'eux, nos méthodes de recherche intellectuelle de la vérité, d'analyse des idées, des liens nécessaires entre l'une et l'autre, propres à nous mener, par la seule réflexion, du connu à l'inconnu, il n'en est pas moins clair, comme j'ai essayé de le montrer, que les vieux Mésopotamiens ont fait les premiers pas sur cette longue route qui a conduit jusqu'à nos raisonnements et nos procédés d'investigation rigoureuse et objective.

Enfin, c'est toujours à eux, en dernière analyse, que nous devons cet incomparable instrument du savoir qu'est l'écriture : la nôtre est extraordinairement simplifiée, si on la compare à la leur ; elle est pratiquement accessible à tous. Mais ils ont été les premiers à nous apprendre que l'on peut fixer matériellement la pensée, et la diffuser ainsi dans l'espace et le temps, avec tous les prodigieux changements de notre esprit et les progrès qu'une telle possibilité nous a offerts et nous offre toujours.

Faire le compte et le catalogue de notre héritage, au complet, serait un travail infini, inaccessible à un homme, et, de toute façon, fort difficile, puisqu'il faudrait, en remontant vers le passé, en refaire l'histoire entière, laquelle n'est ni simple ni rectiligne. Mais, c'est du moins ce que je voulais suggérer ici, au bout de cette remontée, on déboucherait bien souvent à ce vénérable mélange d'antiques Sumériens et Sémites qui, depuis quatre et cinq millénaires, au tout début de l'Histoire proprement dite (inaugurée, du reste, par eux, grâce à leur écriture), ont édifié cette imposante et précieuse construction de la Mésopotamie et de sa civilisation exemplaire.

II.

L'écriture entre mondes visible et invisible en Iran, en Israël et en Grèce

PAR CLARISSE HERRENSCHMIDT

1.

La civilisation élamite et l'écriture

« Certes il y a une différence radicale entre la fré-
quentation des vivants et celle des morts. Le dialogue entre vivants a lieu par questions et
réponses, à partir d'une force de liberté qui permet à chacun de ramener l'autre à soi. Mais le
commerce avec les morts a quelque analogie avec
cela. Je les fais vivants, pour ainsi dire, dans le
dialogue. »

Karl Jaspers.

Le nom d'Élam, tel que nous l'utilisons actuellement dans les
études orientales, nous vient de la transcription d'un vieux mot
élamite *Haltam* ou *Haltamti*, qui correspond au sumérien
Elama, à l'akkadien *Elamtu* et à l'*Elâm* de l'hébreu biblique.
Dans ce cas, comme dans beaucoup d'autres, la tradition occidentale a adopté la transcription hébraïque.

La civilisation élamite s'est étendue sur une portion de ce que
nous appelons maintenant l'Iran. Deux zones principales mar-
quent toute son histoire : la Susiane, la plaine autour de la ville de
Suse, dans le sud-ouest de l'Iran, un peu au nord de la grande ville
pétrolière d'Ahvâz ; en juxtaposition directe avec la Mésopotamie, la Susiane participe, tantôt marginalement, tantôt de façon
intégrée, de la civilisation mésopotamienne. Puis l'Iran du plateau, avec le Zagros central et méridional, la Perside et le Kermân,
où fleurirent plusieurs centres de culture élamite ; le plus connu
d'entre eux, Anshan (de son nom moderne Tell-e Malyân), dans

95

la région de Shirâz, est le cœur de l'Élam proprement dit. Récemment découvert et fouillé, ce site a livré des textes de toutes les périodes, laissant entrevoir une culture originale. Les autres centres élamites sont pour nous à peine plus que des noms : Awan, peut-être dans le Zagros près de Hamadân, Simashki peut-être dans la région de Kermân.

L'Iran occidental et central était habité par des populations élamites qui sont pour nous autochtones : « pour nous » signifie que lorsque l'histoire commence, elles sont déjà sur place. Leur langue, l'élamite, n'a de lien génétique ni avec une autre langue ancienne (elle ne forme pas de famille linguistique avec le sumérien, l'akkadien ou le hourrite, etc.), ni avec une langue moderne, puisque aucune langue parlée connue ne descend d'elle. Notre connaissance se trouve limitée par cet isolement. Si la linguistique permet de décrire la syntaxe élamite, nous avons du mal à en comprendre le lexique, car la comparaison fait défaut ; les progrès se font donc au gré des hypothèses des rares élamologues. Au milieu ou à la fin du IIe et surtout au Ier millénaire avant notre ère, l'Iran fut peu à peu envahi par les populations qui ont donné à cette région le nom d'Iran — mot qui signifie « pays des Aryens » — et qui parlaient une langue iranienne ancienne, cousine germaine du sanscrit védique, de la famille des langues indo-européennes. Linguistiquement, politiquement et culturellement, les Iraniens proprement dits — qu'on devrait nommer Aryens — ont recouvert l'antique civilisation élamite.

Celle-ci n'a pas marqué l'histoire humaine comme les civilisations mésopotamienne et égyptienne également disparues ; elle est au contraire discrète, davantage même que la civilisation hittite qui dura moins longtemps. Sa discrétion tient à la documentation, bien plus pauvre qu'en Mésopotamie, car les Élamites ne se sont point souciés de noter leur mythologie, leur théologie, leur littérature, leur mathématique, etc., et le nombre de textes aujourd'hui connus est peu élevé. En Élam, l'écriture a surtout servi à l'administration et à la conservation de la mémoire et de la piété royales.

Mais malgré cette rareté documentaire, l'histoire de l'écriture en Élam est complexe et passionnante ; elle illustre la situation géographique de la Susiane et de ses habitants, attirés tantôt vers la Mésopotamie, tantôt vers la montagne et le plateau iraniens. Elle typifie la différence entre l'écriture et la langue : car si Suse fait graphiquement partie de la Mésopotamie, la langue élamite vient du plateau iranien. Comme on va le voir, l'histoire de l'écriture en Iran élamite peut fournir un excellent terrain historique à une réflexion générale sur l'écriture, ses rapports à l'histoire et à la culture d'un côté, à la langue et au langage de l'autre.

Il convient de commencer par les premiers pas qui mènent à la création de l'écriture : bulles, *calculi*, comptes, tablettes, vers le milieu du IVᵉ millénaire avant notre ère ; de faire ensuite un grand saut, passer de −3000 environ à −2000 environ pour envisager l'écriture qu'on appelle l'élamite linéaire et qui n'est toujours pas lue ; de gagner enfin le dernier tiers du IIᵉ millénaire avant notre ère pour observer que, chez les Élamites qui écrivent peu, l'écriture constitue un médium majeur entre les hommes et les dieux.

Dans les années soixante-dix, la ville de Suse a été fouillée — elle l'est depuis plus d'un siècle — par la Délégation archéologique française en Iran. Les fouilleurs ont dégagé l'acropole, c'est-à-dire la ville haute, et sur le sol des niveaux 18, 17 et 16, parfaitement stratigraphiés (ce qui veut dire que la succession matérielle de ces sols et donc leur chronologie relative sont connues sans contestation), ils ont trouvé des objets qui illustrent l'invention de l'écriture. Ces niveaux sont datés de la seconde moitié du IVᵉ millénaire avant notre ère, époque où Suse est une ville importante, appartenant à la même civilisation que le Sud mésopotamien. L'écriture mésopotamienne, celle d'Uruk IV, précède probablement l'élamite, mais le cheminement vers l'écriture est plus clairement illustré à Suse qu'à Uruk. La clarté de la succession dans le temps sur un même espace a une importance capitale : car pour décrire le chemin qui mène à la notation du langage, pour tenter de comprendre les opérations mentales qu'ont réalisées les hommes il y a plus de cinq mille ans, nous avons besoin non pas d'une restitution qui viendrait de notre intuition, mais d'une description, même imparfaite, de ce qui a eu lieu dans l'histoire.

Première étape : sur le niveau 18, se trouvent des objets que l'on appelle des bulles. Ce sont des bourses en argile, à peu près rondes, creuses, qui contiennent ce qu'on appelle des *calculi*, du vieux mot latin *calculus*, qui est à l'origine de notre « calcul ». Ces *calculi* sont de petits objets faits de main d'homme avec de l'argile molle, façonnés selon des formes diverses : petits bâtonnets allongés, billes, disques, petits et grands cônes ; l'usage des *calculi* pour compter est très ancien, car des *calculi* sont connus dans des sites du VIIe millénaire avant notre ère.

Sur la surface arrondie de ces bulles se trouve l'empreinte d'un sceau-cylindre : une frise figurant des scènes de la vie économique (engrangement de récoltes, ateliers de tissage et de poterie) ou de la vie religieuse. Le sceau-cylindre était un objet personnel, dont l'empreinte déroulée en long sur l'argile molle permettait d'identifier son propriétaire, notable ou fonctionnaire ; le sceau-cylindre représente un statut social et témoigne de l'autorité centrale. L'ensemble : bulle, sceau-cylindre, *calculi*, composait un moyen d'enregistrer une transaction, un transfert de biens. Il est probable que des bulles identiques ont été faites en deux exemplaires, l'une conservée par la personne privée qui participait à la transaction — les bulles ont été trouvées dans des maisons d'habitation —, l'autre par l'administration. En cas de constestation, on pouvait revenir au document comptable.

Deuxième étape : toujours des *calculi* à l'intérieur des bulles ; sur la surface figurent, outre l'empreinte du sceau-cylindre, des marques jusque-là inconnues. Ces marques peuvent être : une encoche longue et fine, un petit cercle, un grand cercle, une grande encoche ou encore une grande encoche munie d'un petit cercle. Une bulle avec des *calculi* et des marques imprimées à la surface peut être cassée, et cela permet d'observer si la quantité indiquée par les *calculi* est reproduite par les marques imprimées sur la bulle. Pour certains chercheurs, il y a relation formelle directe entre le *calculus* et le signe imprimé : ainsi, le *calculus* en forme de bâtonnet serait représenté par l'encoche fine et longue, le *calculus* en forme de bille par le petit cercle, tandis que le grand cercle représenterait le *calculus* en disque, etc. Pour d'autres, « des *calculi* différents correspondent parfois à des chiffres-encoches semblables. Cela tend à suggérer que les *calculi* pouvaient être spécifiques de denrées comptabilisées, dont les encoches donnaient le chiffre abstrait. De fait, d'autres bulles contiennent des *calculi* différents[1] ». Signes et *calculi* réfèrent pour le moins à des quantités ; si la valeur numérique des signes et des *calculi* est discutée par les spécialistes, le principe ne l'est pas ; on s'accorde au moins à penser que l'encoche longue et fine, identique au bâtonnet modelé, réfère à l'unité.

L'étape suivante, établie par l'archéologie, est formée par des tablettes en coussinet, arrondies et oblongues ; ces tablettes sont les anciennes bulles, devenues compactes. Les quantités y sont notées par l'empreinte des mêmes marques, qui, sans relation désormais avec les *calculi,* sont devenues des chiffres, c'est-à-dire des signes servant à noter conventionnellement des nombres. La tablette en coussinet porte également l'empreinte d'un sceau-cylindre. Parallèlement à ces premiers documents comptables, on fabriquait des jetons, petits objets en terre cuite dont certains ont une forme reconnaissable : tête de bœuf, cruche (sans doute une mesure de capacité), tandis que d'autres sont triangulaires. Ces jetons réfèrent également à une transaction, comme le prouvent certaines marques : trois ou six points imprimés sur des jetons en cruche, six points sur un jeton en tête de bœuf, tandis que sur des jetons triangulaires apparaissent des lignes qui symbolisent peut-être des fractions d'objets indéterminés. Ces jetons, qui ne portent pas d'empreinte de sceau, annoncent par leur forme les pictogrammes. Nous ne connaissons pas la différence d'usage entre les enregistrements à bulles, sceau-cylindre et *calculi* et les enregistrements à jetons. Du point de vue formel, l'invention de l'écriture repose sur les bulles portant la marque d'un sceau à la surface et des *calculi* à l'intérieur.

Les tablettes immédiatement postérieures, rectangulaires,

1. P. Amiet, *in* B. André-Leickman et C. Ziegler (éds), *Naissance de l'écriture. Cunéiformes et hiéroglyphes,* Éd. des Musée nationaux, 1982, p. 49.

plus plates, sont de vraies tablettes telles que l'usage va les multiplier, portant des chiffres et des signes pictographiques, tandis que l'empreinte du sceau-cylindre se fait plus rare. Ces signes — le dessin d'une jarre, par exemple — représentent les choses dont l'échange, la livraison ou le stockage ont fait l'objet de la transaction ou de l'enregistrement dont on peut désormais dire qu'ils sont « écrits ».

Tels seraient les modestes débuts de l'écriture. Au départ, des bulles, puis des tablettes, qui conservent dans l'argile les termes d'une transaction, « livraison », « don », stockage de biens ; le tout sous une forme très officialisée que P. Amiet a appelée un « contrat » et que d'autres appellent « échange commercial », ce qui ne paraît pas convaincant. En effet, sous « échange commercial », nous entendons « échange entre deux personnes privées ». Or, même s'il s'agit de biens qui avaient circulé sur une longue distance, du plateau iranien à Suse par exemple, la transaction s'effectuait à l'intérieur d'une administration d'État et ne peut être assimilée à un échange.

L'écriture ne débute donc pas par la représentation graphique des objets de la transaction — que ce soient des jarres ou des chèvres — mais par celle de leur quantité. L'enregistrement de la quantité a entraîné la figuration de nombres par des chiffres. Mais qu'est-ce qu'un nombre ? Un nombre n'est pas une chose du monde visible, mais un acte de l'esprit humain. Le fait de dire qu'il y a trois pommes sur une table ne dit rien de chaque pomme et ne dit rien des pommes ; en rajouterait-on une ou vingt mille que les trois premières ne s'en trouveraient nullement modifiées. C'est l'esprit humain qui est capable de l'activité de numération et qui l'imprime à la réalité. L'invention de l'écriture n'a rien d'immédiat, car l'on n'a pas commencé à écrire en dessinant naïvement les choses du monde. Dans l'écriture des nombres, la première opération revient à penser un nombre, la deuxième à représenter le nombre par un *calculus*. Dès lors qu'étaient rendus visibles les produits de l'activité mentale humaine — les nombres par les *calculi* —, l'écriture, redoublant cette première représentation dans les signes, se déploya.

Les pictogrammes, signes représentant des choses du monde

visible, constituent une « écriture de choses » comme dit J. Bottéro ; s'ils n'ont aucun rapport graphique avec la langue, car aucune notation du son ou des éléments grammaticaux ne semble apparaître, ils reposent sur le processus de nomination — car il a bien fallu que les biens entrant dans la transaction soient nommés. Les pictogrammes sont des portraits de choses du monde, qui sont déjà représentées par leur nom : ici aussi, comme avec les chiffres, nous avons affaire à une représentation de la représentation, mais cette écriture de choses se montre sous un visage naïf, celui de la perception première. L'écriture des nombres, comme l'écriture des choses, cache, par la référence aux *calculi* d'un côté, aux formes des choses de l'autre (jetons et pictogrammes), les créations mentales premières que sont la numération et la nomination. Dans l'état actuel de la documentation, on peut dire que c'est l'étape de l'écriture des nombres qui entraîna la représentation écrite des choses.

À l'extrême fin du IVe millénaire, Suse et la Susiane furent séparées de la civilisation mésopotamienne sans doute par une aventure militaire. Dès lors, les traditions graphiques de l'Iran et de la Mésopotamie divergèrent. J. Bottéro a expliqué comment naquit et évolua l'écriture à Uruk et Djemdet-Nasr à la fin du IVe millénaire et comment se déploya l'histoire des signes à partir des pictogrammes, avec, d'une part, la cunéiformisation, d'autre part la phonétisation, c'est-à-dire la notation du son.

La civilisation graphique de Suse, de la Susiane et de l'Iran se poursuivit jusqu'aux environs de 2800 avant notre ère, fournissant un assez grand nombre de tablettes appelées « protoélamites », découvertes à Suse et en d'autres lieux, situés parfois très loin à l'est. Toutes ces tablettes sont des documents comptables, qui donnent à lire des chiffres et des pictogrammes. Il semble que ces textes réfèrent tantôt à la fourniture ou à la livraison des biens qui sont figurés pictographiquement, tantôt à l'inventaire des stocks d'une administration. Il y a, en plus, des signes qui représentent très certainement des noms propres. Rien de plus ne peut être avancé : les signes ne sont pas déchiffrés et ne sont pas déchiffrables dans l'état actuel de la documentation. Parmi les pictogrammes, on reconnaît des animaux : sur une remarquable tablette du Louvre, une tête d'équidé sans crinière qui serait le poulain ; une autre avec la crinière relevée, qu'on interprète comme référant à l'étalon ; une autre avec la crinière abaissée, qui figurerait la jument. Ces interprétations restent hypothétiques, bien entendu. Il y a aussi des pictogrammes représentant des céréales, différents les uns des autres par le nombre et la variété des tiges annexes à la tige principale, mais il n'est pas possible de reconnaître de quelles céréales il s'agit. Dans leur grande masse les signes proto-élamites, hormis quelques-uns qui sont les mêmes qu'en Mésopotamie, n'évoquent rien de connu.

Ces textes, qu'on appelle un peu vite « proto-élamites », expriment sans doute de l'élamite, sans que nous puissions rien en savoir, puisque nous ne pouvons pas du tout « lire », c'est-à-dire mettre des mots et des sons sur des dessins. La difficulté de lecture repose sur deux faits. D'une part, pour reconnaître des pictogrammes dans une civilisation qui n'écrit que pictographiquement, il faut appartenir à cette civilisation, être plongé dans son milieu technique et symbolique et reconnaître les choses par l'expérience. Voici ce qu'écrivit Scheil[1], pionnier des études élamites : « Faute d'être familiarisés avec la vie pratique du monde ancien élamite, comment identifier les signes avec leurs originaux ? Qu'on se rappelle l'écriture égyptienne : en dépit de la scrupuleuse précision des images, en dépit de la richesse inouïe des peintures et des reliefs où sont reproduites mille et une scène de la vie publique et privée, qui permettent de saisir au naturel tous les accessoires de l'activité rurale et industrielle, il s'en faut que, dans le répertoire pharaonique, les identifications de signe à objet soient, pour la majeure partie, acquises. »

D'autre part, les signes proto-élamites diffèrent des signes sumériens par leur graphisme. Tandis que certains signes sumériens ont quelque chose de concret qui nous permet de

---

1. V. Scheil, *Textes de comptabilité proto-élamites*, Mémoires de la Mission archéologique en Perse, vol. 17, E. Leroux, 1923, p. II.

reconnaître de quoi il s'agit, les signes élamites sont considérablement plus abstraits. Ceci est une donnée de base : les Élamites ont aimé le dessin très stylisé, très artiste et, s'ils ont été de merveilleux animaliers, ils n'ont pas cherché à reproduire la forme et le contour du corps humain. Ils ont préféré l'emblème au portrait, créé des signes qui ressemblaient à l'idée imaginaire et abstraite qu'ils avaient des choses, et non au modèle concret. Les Sumériens, au contraire, avaient choisi une représentation moins libre, plus modeste, mais plus réaliste. Dans l'écriture proto-élamite, il n'y a pas une seule partie du corps qui soit clairement dessinée et identifiable — alors que parmi les pictogrammes sumériens figurent la main, la tête, le gigot, etc. Or, on pourrait s'attendre à ce que les Élamites aient eu besoin dans l'enregistrement de leurs transactions de faire référence à ces choses si hautement symboliques que sont la main et la tête humaines — et, de fait, dans l'administration persépolitaine achéménide (deux mille cinq cents ans plus tard, en grande partie aux mains des scribes élamites), la responsabilité d'un fonctionnaire sur un stock était exprimée avec le mot de la « main ». Si les Élamites ont créé des pictogrammes avec la figuration de parties du corps, ils ont si profondément transformé le donné qu'il n'est plus reconnaissable.

En dehors des difficultés propres à la forme abstraite des dessins, le proto-élamite n'est pas lu surtout parce qu'il n'a pas eu de suite, à la différence de la première écriture sumérienne. De fait, la civilisation proto-élamite s'écroula entre 2900 et 2800 avant notre ère. Pour l'archéologie, l'écriture disparaît, mais il n'est pas exclu que de nouvelles découvertes modifient nos connaissances.

La disparition de cette écriture est à mettre en parallèle avec les conditions politiques de son apparition. Ces dernières peuvent être posées sans trop d'incertitude : il s'agit de la cité-État, établissement urbain avec un cordon nourricier agricole où une économie de redistribution enveloppe tous les êtres. Terres et troupeaux appartiennent aux centres du pouvoir, le palais royal et le temple, parfois réunis en un seul lieu d'autorité ; chacun travaille et reçoit, selon son niveau social, son travail, son âge, son sexe, ses compétences, de quoi se nourrir, se vêtir, de quoi vivre. Ces conditions sont très probablement celles qui ont vu l'invention de l'écriture avec les bulles et les *calculi*.

Par ailleurs, la diffusion géographique du proto-élamite montre que l'écriture a servi à enregistrer des mouvements de biens en dehors des limites de la cité. Suse entretenait des relations politiques avec diverses régions du plateau iranien et des « dons » (troupeaux, esclaves, objets de valeur) semblent avoir circulé entre le plateau iranien et Suse, ces « dons » étant bien sûr l'expression de relations d'alliance et de dépendance.

L'écriture disparut — autant qu'on puisse en juger à partir de notre documentation — de la vie quotidienne de Suse parce que le système politique de la cité-État avec son économie intégrée, système bien connu en Mésopotamie, s'était effondré. On peut donc supposer que les unités économiques de production retournèrent à une autarcie relative. L'écriture a sans doute cessé d'être nécessaire quand le pouvoir politique n'eut plus les moyens de contraindre ses vaincus au tribut et quand l'économie de redistribution à partir d'un pôle désormais disparu retourna à la fragmentation.

Mais pareille présentation des faits pourrait, si l'on n'y prêtait garde, induire un contresens vertigineux et ethnocentrique, consistant à penser que dans les sociétés anciennes l'économie et la politique étaient indépendantes de la religion. Or, dans la cité-État, les rapports économiques étaient le signe visible des rapports politiques et hiérarchiques entre les hommes et des rapports de dépendance des hommes vis-à-vis des dieux. Il ne faut pas s'imaginer que c'est seulement parce que se fit sentir le besoin de savoir quelle quantité de grain ou combien de chevaux se trouvaient dans les silos ou les haras du maître, qu'il s'agisse d'un roi ou d'un prêtre, qu'on a commencé à écrire. Dans la mesure où l'empreinte d'un sceau-cylindre sur une bulle était la signature d'un fonctionnaire responsable, évoquant une législation et donc, le cas échéant, une répression, il est possible de dire que l'on a commencé à écrire parce que les comptages notés maintenaient l'ordre social. Ils situaient chacun à sa place — celui qui apportait une récolte, celui qui la stockait, la redistribuait et le fonctionnaire responsable —, ils donnaient à voir la relation entre les hommes, puis, au-delà, la relation des hommes aux dieux.

Sur terre, parmi les hommes, les dieux étaient représentés par les rois et les prêtres qui transmettaient les messages divins, opéraient le contact entre les vivants visibles et les invisibles, attestant l'intérêt des dieux pour les hommes. Les autres membres de la société étaient donc les débiteurs des rois et des prêtres et leur dette devait sans cesse être compensée par des « dons », c'est-à-dire des tributs, une dîme, des corvées. Il fallait payer sans fin le maintien de l'ordre du monde, voulu par les dieux, assuré par leurs représentants. Car si l'économie de redistribution situait chaque individu à sa place, l'ensemble ainsi élaboré et maintenu figurait pour les anciens l'ordre que voulaient les dieux, eux qui accordaient la vie aux hommes.

Certes, nous manquons de textes théologiques et religieux pour décrire l'état social en 3000 avant notre ère, mais la suite de l'histoire orientale ancienne nous démontre tant et plus l'imprégnation religieuse de toute la vie. Pour notre propos, il est essentiel de savoir que si les premiers textes sont des textes économiques, si l'invention de l'écriture en Mésopotamie et en Élam se produisit dans un contexte et selon un but économiques, elle n'est point isolée de l'environnement politique et religieux. L'écriture commence longtemps après qu'une hiérarchie politique et sacrale s'est instaurée parmi les hommes[1], ce qui advint au Moyen-Orient ancien vers le VIe millénaire avant notre ère. Cette hiérarchie sociale, provoquant une rupture radicale d'avec les sociétés égalitaires qui l'avaient précédée, impliquant que la violence légale soit aux mains du seul chef et que celui-ci concentre dans sa personne une qualité et une essence quasi surnaturelles venues des dieux, eut comme corollaire une dette politique, économique et symbolique inépuisable de la part des sujets. Il semble bien en effet que l'écriture n'enregistre

1. Je suis ici les idées de P. Clastres : *La Société contre l'État*, Éd. de Minuit, 1974, *Recherches en anthropologie politique*, Éd. du Seuil, 1980, et de M. Gauchet : *Le Désenchantement du monde*, Gallimard, 1985.

rien d'autre que la dette. S'il est vrai que l'art d'écrire n'a pas été inventé partout où se développèrent des sociétés à État, avec rois, prêtres, dons et tributs, il n'en demeure pas moins qu'il ne put l'être que dans cet environnement-là.

Il faut donc bien comprendre que le pictogramme le plus incertain, le moins discernable dans l'infini de ses valeurs possibles, le plus apte à faire entrer en rage le déchiffreur souvent déçu, vaut en sa valeur radicale d'éclat de sens, de miroir où s'expriment les relations des hommes entre eux et des hommes aux dieux, au travers des choses et du langage. Il ne put y avoir d'écriture, de représentation visible de cet invisible que sont les actes mentaux de numération et de nomination, que dans la mesure où la représentation des dieux invisibles avait déjà imprimé son ordre parmi les hommes, là où déjà des vivants visibles représentaient des invisibles.

Retenons avant de continuer ce que l'histoire de l'écriture en Iran nous a appris.

Les premières expériences sont les bulles avec une empreinte de sceau et des *calculi* enfermés ; seul est visible l'État, dans l'empreinte du sceau-cylindre appartenant à l'un de ses agents enrôlé dans la transaction. L'écriture débute dès que furent rendues visibles, imprimées sur la surface des bulles, les formes des *calculi* cachés à l'intérieur ; la présence de l'État et le dénombrement des biens de la transaction se trouvent alors côte à côte sur la bulle.

L'écriture capte en un second temps les choses et leur nom par les pictogrammes, qui apparaissent après les chiffres. Cela constitue un des aspects les plus stupéfiants de l'histoire de l'écriture : il n'est pas venu abruptement à l'idée des hommes de noter leurs échanges linguistiques, ils n'en ont découvert la possibilité que par hasard, en enregistrant des quantités. Mais celle-ci une fois inventée, ils n'auront de cesse, jusqu'à la radio, la télévision et les ordinateurs transcrivant les enregistrements, de saisir cette parole humaine qui s'évanouit dans son acte de naissance. L'écriture ne se maintient, en ses fragiles débuts, qu'à

106

la condition d'une certaine structure politique, sacrale et économique : la cité-État et ses prolongements.

Le grand Sargon d'Akkadé (2334-2279) fonda en Mésopotamie le premier empire sémitique, connu sous le nom d'Empire vieil-akkadien. Il remit dans l'orbite politique et culturelle mésopotamienne Suse et la Susiane, qui furent désormais gouvernées par des représentants du roi. Dans les dernières décades du XXIIIᵉ siècle avant notre ère, le petit-fils de Sargon, Narâm Sîn, très occupé à faire la guerre dans les régions septentrionales de l'Empire, signa un traité d'alliance avec Suse pour assurer la paix au sud. On ignore qui fut le représentant du pouvoir élamite et où ce traité eut lieu. Par bonheur, il a été pieusement conservé dans le temple d'Inshushnak, grand dieu de la ville de Suse pendant le IIᵉ millénaire. Ce texte, très mutilé, difficile à lire, commence par la liste de près de quarante dieux ; une seule phrase semble à peu près lisible : « L'ennemi de Narâm Sîn est mon ennemi, l'ami de Narâm Sîn est mon ami. » Ce texte est le premier qui note de l'élamite avec les signes cunéiformes.

L'élamite y est écrit grâce au progrès fait par les Mésopotamiens, la phonétisation syllabique : les signes représentent des syllabes (consonne-voyelle, consonne-voyelle-consonne). On y trouve déjà certaines particularités de la notation élamite bien connues plus tard : l'hésitation entre la consonne sourde et la sonore de même point d'articulation (entre b et p, par exemple), la présence irrégulière de la consonne nasale implosive précédant une consonne occlusive de même point d'articulation (par exemple : m devant b/p ne s'écrit pas toujours).

Comment cet emprunt de signes syllabiques a-t-il été possible ? Toute écriture syllabique reproduit les sons perçus par l'ouïe, note les sons qui frappent le tympan et pénètrent l'intérieur du sujet. Les Élamites ont analysé leurs syllabes et trié, sur le stock des valeurs syllabiques des signes mésopotamiens, les signes qui leur étaient nécessaires, au plus proche de la phonétique acoustique de leur langue. La diffusion de l'écriture cunéiforme s'est faite sur le caractère universel de la syllabe et cette diffusion a été immense.

Mais dès le XXIe siècle, les Élamites du plateau iranien et du Zagros se rendirent indépendants de la Mésopotamie et Suse redevint autonome. L'histoire de l'Élam, celle de Suse en particulier, est marquée par ce mouvement de balancier où l'on voit tantôt la mainmise mésopotamienne, tantôt son rejet par les Élamites qui portent la guerre en Mésopotamie. Le roi d'Awan — une région d'Iran, située du côté du Zagros — Kutik Inshushnak, le libérateur de Suse, publia un certain nombre de textes en akkadien écrit en cunéiforme, dans le sillage de la formulation de Narâm Sîn, ainsi qu'un certain nombre de textes écrits dans une écriture spécifique appelée élamite linéaire.

Cette écriture n'a rien à voir avec l'écriture cunéiforme mésopotamienne. Assez maladroitement tracés, « linéaires », car la base technique en est la ligne que laisse une pointe sur de l'argile molle, fine, sans dimensions propres, ses signes semblent représenter des choses. Mais les Élamites ont aimé la représentation abstraite, ce qui rend impossible la reconnaissance des choses.

L'élamite linéaire entretient des rapports particuliers avec le proto-élamite. D'abord, il lui emprunte un certain nombre de signes, ce qui paraît extraordinaire puisqu'il n'y a aucune trace graphique entre l'une et l'autre écriture, soit pendant plus de sept siècles. Quels furent les canaux de conservation des signes ? Assurément, ils existèrent, mais nous n'en connaissons rien. Par ailleurs, au contraire du proto-élamite qui comprenait près d'un millier de signes, l'élamite linéaire n'en comprend qu'environ quatre-vingts. Le nombre de signes du proto-élamite fait penser à un système de logogrammes (un logogramme est un signe qui vaut pour un mot) ; celui de l'élamite linéaire, semblable au nombre des signes du linéaire B de Crète, laisse supposer que cette écriture constituait un syllabaire. On aurait donc des dessins schématisés de choses qui noteraient des syllabes, peut-être la première syllabe du nom de la chose représentée, ainsi le dessin d'un navire permettant d'écrire et de lire la première syllabe du mot : *na*. Il est néanmoins probable que, parallèlement à ces signes syllabiques, des logogrammes aient figuré au catalogue de l'élamite linéaire.

En dernier lieu, si l'élamite linéaire est attesté sur une vingtaine de documents — de la statuaire, des marches d'escalier, des vases et sur de grandes tablettes d'argile —, provenant principalement de Suse, il semble bien que cette seconde écriture élamite ait suivi des canaux de diffusion semblables à ceux du proto-élamite. En effet, des découvertes récentes ont fait connaître des documents provenant d'Iran oriental, d'Asie centrale et du golfe Persique, et portant des signes élamites linéaires. Si la nécessité graphique renaît à Suse à la période de Kutik Inshushnak et dans la situation politique susienne, l'expansion de l'écriture vers les zones élamisées est immédiate.

Enfin, comme les tablettes proto-élamites, les textes élamites linéaires ne sont pas lus — situation vexante mais pas très grave, car cette écriture n'eut guère de succès et cessa assez vite d'être en usage. Dans la mesure où nous ne la lisons pas, nous ne pouvons pas affirmer que la langue écrite est bien de l'élamite. Les tentatives récentes de déchiffrement ont échoué, parce que l'état de la langue élamite de cette période est trop mal connu. De fait, le traité de Narâm Sîn, un peu plus ancien, est tellement abîmé qu'il ne permet pas de décrire l'état de la langue à cette époque, tandis que les textes élamites que l'on comprend convenablement sont récents et datent du XIIIe siècle avant notre ère. Or, la langue a changé entre le XXIIe et le XIIIe siècle. Quand on ne connaît pas la valeur des signes et qu'il faut lire une langue trop mal connue, le raisonnement fondé sur la seule combinaison des signes est voué à l'échec.

Tout l'espoir repose donc sur les bilingues, textes en deux langues différentes de contenu identique. Plusieurs textes de Kutik Inshushnak ont une version élamite et une akkadienne, mais il semble que leurs contenus diffèrent, pour autant qu'on en puisse juger. Le texte akkadien suivant, récemment publié par B. André et M. Salvini[1], ne peut pas être projeté tel quel dans la version élamite :

1. B. André et M. Salvini, « Réflexions sur Puzur (= Kutik) Inshushnak », *Iranica Antiqua* XXIV, 1989, pp. 54-72.

« Pour son seigneur = *le dieu Inshushnak*, le puissant roi d'Awan, Kutik Inshushnak, fils de Shimbishhuk, a construit un escalier de pierre, l'année où le dieu Inshushnak le regarda et lui donna les quatre régions pour les gouverner. Celui qui effacera cette inscription, qu'Inshushnak, Shamash et Nergal déracinent son fondement et effacent sa descendance. Mon seigneur ! provoque *le trouble ?* dans son esprit ! »

Si les contenus étaient identiques, on pourrait au moins translater la titulature royale de l'akkadien vers l'élamite ; mais il faut s'y résigner, ces inscriptions sont faussement bilingues, car le roi n'a pas dit la même chose dans sa langue et dans la langue des autres.

Après l'épisode de Kutik Inshushnak, la Susiane retourna dans l'orbite mésopotamienne, pendant la IIIe dynastie d'Ur, le dernier empire sumérien (2094-2004). L'on écrit donc sumérien à Suse et la documentation atteste des rapports avec toutes les régions de l'Iran. Puis, vers 2004 avant notre ère, les Élamites eux-mêmes mirent fin à l'Empire sumérien.

À partir de 1900 et jusqu'à 1500 avant notre ère, l'Élam constitua une assez importante puissance politique. C'est la période des Sukkalmah, « grands régents », bien documentée — mais tout est relatif avec les Élamites ! — par des inscriptions de fondation, des inscriptions dédicatoires, des sceaux, un certain nombre de textes économiques et juridiques. La plupart des textes sont rédigés en akkadien, un moindre nombre en sumérien. Deux textes royaux seulement sont écrits en élamite avec le syllabaire cunéiforme. Ils viennent du roi Shiwepalahuhpak, qui régna aux environs de 1765. Voici l'un d'eux en traduction libre :

« Ô dieu Inshushnak, maître de la ville haute, moi, Shiwepala-huhpak, je suis l'agrandisseur du royaume, le prince d'Élam, fils de la sœur de Sirukduh.
Pour ma vie, pour celle de Ammahashduk, de sa parenté et de sa progéniture, moi j'ai... *(construit ? un temple ?)*.

Ô Inshushnak, grand seigneur, moi Shiwepalahuhpak, je t'implore par l'offrande, écoute ma prière pour des jours et des nuits d'une durée favorable.
Les populations d'Anshan et de Suse je les voue à ton culte ; que j'obtienne qu'elles... *(suite incompréhensible)*.
Les ennemis, que le feu les brûle, leurs alliés qu'ils soient empalés, brûlés et liés sous moi ! »

Les deux textes élamites connus de cette période ont la même titulature, comme c'est l'usage. Le roi signataire appelle ensuite la protection d'Inshushnak — dieu de Suse — sur sa vie, celle de son épouse et de la parenté de cette dernière, en échange de la construction d'un bâtiment sacré ; puis il affirme instaurer Inshushnak comme dieu de toutes les populations élamites, susiennes et non susiennes. À la place de cela, l'autre texte donne une liste impressionnante de contrées soumises par le roi — et donc soumises à Inshushnak. Les textes élamites disent le lien entre le roi, le dieu, les hommes et le monde.

Si l'on considère la politique graphique des Élamites entre Kutik Inshushnak et Shiwepalahuhpak, il apparaît que les Élamites ont procédé dans ce laps de temps à une opération conceptuelle essentielle : ils ont détaché la langue de l'écriture qui la notait. Suivons le chemin pas à pas. Première étape : à la fin du IIIᵉ millénaire, Kutik Inshushnak créa, ou plus exactement fit inventer par ses scribes, l'élamite linéaire pour noter la langue élamite, alors que la majeure partie de ses textes était écrite en akkadien. Les scribes puisèrent dans le vieux stock de signes proto-élamites dont ils simplifièrent certains signes ; ils en créèrent d'autres avec l'acquis de la phonétisation syllabique venue de Mésopotamie et dotèrent l'Iran élamite d'une écriture moderne. À la date de Kutik, la langue n'était pas détachée de l'écriture : tout se passe comme si les signes appartenaient à la langue et la langue aux signes, comme si la notation de la langue élamite devait se faire avec ses signes ancestraux. On pourrait avancer que Kutik Inshushnak avait la volonté politique de posséder sa propre écriture pour noter sa propre langue, ce qui est peut-être juste mais demeure insuffisant. De fait, une volonté politique *dans la langue* donne à voir la représentation de la langue et déborde de beaucoup la politique.

Shiwepalahuhpak fit rédiger des textes dans les deux langues, en élamite et en akkadien, avec la même écriture cunéiforme. Il pensa donc pouvoir, avec un syllabaire emprunté, noter sa langue : la langue était détachée de l'écriture. Une conception plus abstraite était née : la division syllabique universelle des langues, signifiant que les signes mésopotamiens notant les syllabes *gi, ir, gal* par exemple, pouvaient bien noter les mêmes syllabes en élamite. Or, la syllabe est l'unité minimale du son entendu. D'après les travaux des cognitivistes qui cherchent à mettre en relation des états mentaux et des états cérébraux, il semblerait que l'oreille et le cerveau humains traitent le flux sonore de la parole entendue en le divisant en syllabes.

Ce détachement de la langue et des signes qui la notent, cette indépendance entre le signe et l'unité syllabique inaugurent un mouvement irréversible de l'appropriation du langage par les hommes. De fait, les hommes n'ont pas toujours pensé être les maîtres du langage. Si toutes les cultures et civilisations ont une théorie du langage, car le langage est du reçu pur qu'il faut symboliquement traiter et intégrer dans le social, comme la naissance, l'alliance et la mort, peu d'entre elles pensent que le langage est création humaine. Aussi trouve-t-on partout des mythes du langage, mythes qui ne se présentent pas comme tels, mais qui mêlent l'explication de la nature et de l'origine des choses avec la nature et l'origine de leur nom ; les mythes d'origine du langage concernent le nom des choses — pensé et perçu comme le nom propre des choses.

La lecture des mythes des sociétés archaïques montre que les hommes ont longtemps pensé qu'une chose était identique à son nom et qu'il revenait à l'homme de capter, de saisir, d'aller chercher, parfois de voir, le nom de la chose tel qu'elle-même l'indique, le révèle, l'implique ou le livre... Les Cashinahua[1] — une population amazonienne du Brésil, sur le cours moyen des

---

1. A.-M. d'Ans, *Le Dit des vrais hommes*, UGE, 1978.

fleuves de l'État d'Acre — ont un mythe du déluge et de la réinvention de la vie, où le héros culturel est une femme, Nëtë, qui survit au déluge et se donne à elle-même des enfants en pleurant dans une calebasse. Les larmes trop abondantes ayant usé ses yeux, Nëtë devient Bwëkon « aveugle » ; comme elle veut enseigner à ses enfants tout ce qu'ils doivent savoir pour se nourrir, ceux-ci mettent dans sa main quelques feuilles de plante qu'elle renifle, manipule et nomme : « C'est du manioc. » Aveugle, elle ne saisit plus rien de l'extérieur, mais son corps s'unit aux choses qu'elle touche et sent, et elle produit le nom des choses dans cette fusion, prêtant aux choses sa voix d'humain détaché de tout regard. Si savoir le nom n'est rien d'autre que savoir traiter de la chose qui porte ce nom, si « c'est du manioc » typifie un mode agricole et une recette de cuisine, savoir le nom provient de la capacité de Nëtë Bwëkon de s'abstraire et de laisser parler les choses au travers de soi : le langage est certes savoir et savoir-faire, mais à la condition de l'effacement du corps de l'homme. Ce mythe, lui-même raconté, dit que le nom des choses n'est pas de l'homme : le langage est la condition du mythe, le mythe du mythe. Même si nous ne connaissons pas les mythes élamites, on peut penser que c'est à peu près cette représentation du langage qui a permis l'invention des pictogrammes : écrire revenant à dresser le portrait d'une chose, ce qui revenait à faire émaner son nom, car la chose et son nom étaient identiques.

Cette idée du langage, condition autoréférée du mythe, qui a constitué la théorie linguistique dans laquelle se sont épanouies les pensées mythiques, l'écriture l'use et la détruit. La principale victime de l'écriture est le mythe.

Au IIᵉ millénaire avant notre ère, quand les Élamites séparent la langue des signes qui la notent, quand les savants babyloniens font briller leur mathématique de tous ses feux, quand, à Mari, apparaissent des prophètes qui parlent au nom des dieux, les choses du monde tendent à être dissociées de leur nom. Les noms commencent à perdre leur valeur absolue, étant divisés en syllabes, qui peuvent être les mêmes en élamite et en akkadien. En bref, le corps des hommes ne s'efface plus entre les choses et leur nom, il semble intégrer cette étrange relation et les hommes s'approprient peu à peu le langage.

Revenons une dernière fois à l'Élam.

Dans la seconde partie du IIe millénaire avant notre ère, entre le XIIIe et le XIIe siècle, la civilisation élamite connut une relative splendeur. Les rois firent un certain nombre de textes en langue élamite et en écriture cunéiforme, dont l'adoption est définitive. L'élamite fut encore écrit sous les Achéménides (550-330), puis il disparut.

Les Élamites ont ramené à cent cinquante/cent soixante les six cents signes du syllabaire sumérien et simplifié l'écriture en n'attribuant approximativement qu'une valeur à chaque signe et un seul signe à chaque syllabe. La syllabe est formellement variable et peut représenter les séquences suivantes : consonne-voyelle, voyelle-consonne, consonne-voyelle-consonne. Néanmoins deux phénomènes ont eu lieu : i) la diminution de la polyphonie : le signe RI, par exemple, n'a que la valeur *ri* en élamite, alors qu'en Mésopotamie il a les valeurs *ri, re, dal* et *tal* ; ii) la limitation de l'homophonie, la syllabe *ri* par exemple pouvant être écrite au moyen de deux et non d'une demi-douzaine de signes. Les Élamites commencèrent par éliminer un grand nombre de logogrammes, ces signes créés par les Sumériens pour représenter des mots, mais que les Élamites lisaient dans leur langue, pour n'en garder qu'une trentaine. Au demeurant, le mouvement s'inversa par la suite, ainsi que le dit J.-M. Stève[1] : « Le système tardif ne sera pas — globalement — le plus simplifié », car les Élamites, à l'instar des Mésopotamiens et des Égyptiens, multiplièrent les logogrammes au cours du temps. En voici l'ordre de grandeur approximatif : en l'an 1400 avant notre ère, un signe sur six est un logogramme, en l'an −600, un signe sur deux est un logogramme. Cela a bien sûr à voir avec le statut du signe : si l'écriture par logogrammes

---

1. J.-M. Stève, *Le Syllabaire élamite. Histoire et paléographie*, Neuchâtel-Paris, Recherches et Publications, 1992, p. 9.

est captation des choses du monde et de leur nom par leur représentation — même s'il s'agit d'un portrait tout à fait abstrait —, la multiplication des signes protège l'homme d'une radicale désymbolisation.

Si les hommes s'approprient le langage dans l'écriture qui divise les mots en syllabes, ils se refusent à aller plus loin et laissent aux mots de leur langue, aux noms des choses, leur capacité à figurer la chose elle-même.

L'écriture élamite, comme la mésopotamienne, atteste des signes qui valent pour des voyelles sans accompagnement de consonne, ainsi *a, i, é, u* ; elle ignore la ponctuation ou les majuscules et ne sépare ni les mots ni les phrases. Elle se sert de quelques signes qu'on appelle déterminatifs, qui n'ont pas de sens selon la langue, mais seulement selon l'écriture, car ils ne sont pas prononcés mais facilitent la lecture : ils avertissent en effet que le mot qui suit se caractérise soit par son caractère divin (ainsi les noms de dieux, les noms de mois sont précédés du déterminatif DINGIR ⊨⊤), soit par sa matière (ainsi le déterminatif GISH : ⊨ se trouve devant le nom d'objets en bois), soit par sa nature d'être humain mâle (déterminatif ⟨ devant les noms propres d'homme, noms de métiers) ; il existait aussi le déterminatif MESH ⊨⊰ indiquant que le signe qui le précédait était à lire comme un logogramme et non comme un signe phonétique, etc.

Autant que j'en puisse juger à partir de nos pratiques, le processus de lecture d'une écriture comme l'élamite consiste en une aperception mentale synthétique : le lecteur rassemble les signes dans son esprit au fur et à mesure de sa lecture pour composer des mots et des phrases ; il opère des discriminations relatives. Confronté par exemple au signe : ⟨ qui vaut pour le chiffre 1 ou pour le déterminatif « être humain mâle », le lecteur doit passer au signe suivant pour savoir quelle valeur est la bonne. La lecture n'est pas linéaire mais globale, elle concerne les ensembles que forment les signes entre eux. Lire et comprendre sont mêlés dans une même opération de reconnaissance, de tri et de composition d'ensembles.

La plupart des textes des rois élamites du IIe millénaire sont des textes de fondation et de dédicace d'édifices religieux. Il y a peu de longs textes, à peine un compte rendu circonstancié de victoires militaires. L'essentiel consiste à énoncer que tel ou tel roi, fils de tel roi, a construit tel temple, sanctuaire ou chapelle, pour l'un ou l'autre des dieux élamites. Quand le lecteur moderne lit qu'un roi élamite a construit un temple pour Inshushnak, Napirisha, Humban, Shimut, Nahhunte, Pinigir, Kiririsha, Upurkupak, Ishnikarab ou Manzat, ou encore pour le couple Hishmitik-Ruhuratir, par exemple, une énorme ville-sanctuaire, comme Tchoga Zanbil, il n'a pas l'impression d'être en présence d'un texte théologique et religieux, car il voit du calcul et de l'intérêt politiques partout. Pourtant ces textes expriment sous forme brève l'essentiel du contenu de la religion : la présence des dieux, la répétition des rites, la dépendance des hommes et le rôle du roi comme intermédiaire entre les dieux et les hommes.

Le roi Untash Napirisha construisit DUR Untash « ville d'Untash », en persan moderne Tchoga Zanbil, au XIIIe siècle avant notre ère, à quelques dizaines de kilomètres de Suse, dans la montagne. Trois enceintes concentriques entourant des temples et une énorme tour y ont été bâties, mais DUR Untash, ville-sanctuaire, fut rapidement abandonnée. Les trois quarts des briques qui y ont été utilisées sont inscrites en élamite ou en akkadien, avec à peu près le même contenu — même si le dieu destinataire change :

« Moi, Untash Napirisha, fils du roi Humbannumena, roi d'Anshan et de Suse, pour Nahhunte qui accomplit en ma faveur ce que j'implore par la prière, qui réalise ce que j'exprime, j'ai construit en briques colorées *(?)* son temple au cœur enceint du sanctuaire. Nahhunte en or, je l'ai façonné ; lui, le seigneur du temple du cœur enceint du sanctuaire, je l'ai installé. Que mon œuvre soit dédiée en don à Nahhunte du cœur enceint du sanctuaire. Qu'il me donne d'avoir des jours nom-

116

breux pour de longues années, ainsi qu'une royauté au règne heureux *(?)*[1]. »

L'écriture atteste la piété envers les dieux, prolonge le rite et les rend perpétuels.

Les anciens ont pensé que l'écriture participait de l'invisible. De fait, le langage, qui est lui-même invisible, montre ce qui est hors de la vue, nomme l'invisible. L'écrit, qui capte le langage, donne à voir l'invisible et devient le lieu de rencontre éternel entre les vivants visibles et les éternels invisibles. Dans l'écriture, ces deux invisibles que sont le langage et les dieux sont présents, visibles, immobiles, connaissables.

---

1. F. Grillot, *Éléments de grammaire élamite*, Recherches sur les civilisations, 1987, p. 54.

2.

Alphabets consonantiques, alphabet grec, cunéiforme vieux-perse

L'Égypte pharaonique, la Mésopotamie et l'Élam figurent l'Antiquité absolue, celle des civilisations graphiques nées au IVe millénaire et aujourd'hui éteintes. Mais la période qui s'ouvre au IIe millénaire avant notre ère et qui couvre le millénaire suivant voit l'éclosion de civilisations littéraires encore vivantes de nos jours, l'Iran, Israël, l'Occident *via* la Grèce et Rome — mais on devrait également nommer l'Inde et la Chine. Cette Antiquité, qui paraît si lointaine, ne l'est point au regard des écritures. Cette Antiquité, qui directement nous informe, n'est en ce sens pas absolue, mais relative.

Avec le survol de l'histoire graphique de l'Élam, nous avons vu que les systèmes à logogrammes et les syllabaires avaient en commun de noter les langues comme à l'extérieur d'elles-mêmes. Qu'il s'agisse du dessin évoquant la chose du monde visible et son nom ou du signe syllabique notant l'unité sonore minimale que perçoit l'appareil auditif humain (la syllabe), ces signes réfèrent au monde extérieur, chose appréhendée par la vue ou son de la parole capté par l'ouïe. Au contraire, avec les alphabets consonantiques, notant le phénicien, l'hébreu, l'araméen, le nabatéen, puis l'arabe — pour ne parler que de ces langues —, les systèmes notant le vieux perse ou bien les langues de l'Inde, et enfin l'alphabet grec, nous sommes en pré-

118

sence d'écritures qui notent le son du point de vue du sujet parlant.

Certaines grandes civilisations graphiques aujourd'hui vivantes plongent donc leurs racines dans un lointain passé. Est-ce à l'exactitude du système de transcription des langues que celles-ci doivent leur permanence ? Voilà qui paraît bien douteux, car les langues changent. Il faut dépasser l'analyse linguistique pour comprendre, autant que faire se peut, ce que furent ces civilisations graphiques en leur naissance, leur développement, puis leur durée jusqu'à nous ; il faut appréhender ce que l'écriture en soi a signifié pour les hommes. Avec les écritures notant le son du point de vue du sujet parlant, lisant, écrivant, le signe quitta l'environnement extérieur et perçu par la vue et l'ouïe, pour montrer l'homme qui pense et parle ; d'extérieur à l'homme qu'était son point d'application, il en vint à se loger en lui. Si, dans les civilisations de l'Antiquité absolue, l'écriture était le lieu de rencontre éternel entre les hommes et les dieux, dans l'Antiquité relative, elle participa davantage encore des fondements religieux et politiques des cultures graphiques et devint le moule dans lequel les hommes coulèrent leurs pensées.

Mais avant d'aller plus avant, examinons trois systèmes graphiques, dans l'ordre chronologique de leur apparition : les alphabets consonantiques, l'alphabet grec, le cunéiforme vieux-perse.

Les alphabets consonantiques fonctionnent tous sur le même modèle, depuis leur invention jusqu'à la notation actuelle de l'hébreu et de l'arabe. Ils ne comptent point de logogrammes et ne notent pas la syllabe de la parole entendue sous ses formes variables. La règle alphabétique y prévaut : un signe = un son. Le nombre des signes s'établit dès l'Antiquité entre 22 signes pour le phénicien et l'araméen classique et 29-30 signes pour l'alphabet cunéiforme d'Ugarit ou l'alphabet sud-arabique. Dans l'ensemble, ces écritures sont linéaires, tracées à la pointe ou à la plume sur des supports très variés : pierre, métal, tessons de poterie, cuir sans doute ; mais c'est le papyrus, léger, transportable, qui en assura le succès.

Première caractéristique : un petit nombre de signes, alors que le nombre de signes des syllabaires mésopotamiens se situait autour de 130, à quoi s'ajoutaient les logogrammes et les déterminatifs. Deuxième caractéristique : les alphabets consonantiques ne notent que des consonnes ; les voyelles n'y disposent pas de signes autonomes. Troisième caractéristique : les mots sont en général séparés les uns des autres dans l'écriture, par une barre verticale, par un ou plusieurs points, plus tard par un blanc. Dans l'écriture arabe actuelle, comme dans le cas de certaines lettres en hébreu *(kaf, mêm, nun, pé)*, la séparation des mots est assurée par la forme particulière de la plupart des lettres en position finale : barre longue, verticale et fine du *mîm*, élégante courbure du *hêt*, du *aïn* ou du *sîn* par exemple, qui s'épanouissent à la finale, étant réduites à une moindre forme à l'initiale et en milieu de mot, etc. Bref, en l'absence de séparateur de mots dûment reconnu, la forme des lettres indique la fin d'un mot en même temps qu'elle orne le graphisme.

Comment caractériser ces écritures, qui eurent un immense succès dans le temps et l'espace, puisque les écritures de l'Iran, de l'Inde et de l'Asie centrale, sans compter l'alphabet grec, en découlent indubitablement ? La question n'est pas simple et nécessite une double approche : il convient d'évoquer d'une part les tout débuts de ces écritures, d'autre part de rappeler les interprétations qu'en ont données I.J. Gelb [1] et J. Février [2].

Les débuts de l'alphabet consonantique sont très confus et très discutés. Les premiers écrits datent d'entre 1800 et 1500 avant notre ère : il s'agit d'inscriptions trouvées sur le site de Serabit-el Khadem dans le Sinaï central, où l'État pharaonique exploitait des mines de turquoise dans lesquelles travaillaient des ouvriers passablement égyptianisés et parlant des langues sémitiques. Les seuls textes déchiffrés sont deux graffitis sur une statuette en forme de sphinx de la déesse égyptienne Hathor,

---

1. I.J. Gelb, *Pour une théorie de l'écriture*, Flammarion, 1963.
2. J. Février, *Histoire de l'écriture*, Payot, 1959. « Les Sémites et l'alphabet. Écritures concrètes et écritures abstraites », in *L'Écriture et la psychologie des peuples*, Armand Colin, 1963, pp. 117-129.

protectrice des mines, notant le nom de la déesse B'LT « la Dame ». On pense donc que les scribes employés là reconnurent en l'Hathor égyptienne leur propre déesse Baalat et ont glorifié son nom en l'écrivant avec des signes alphabétiques. Sur les marges du grand Empire égyptien naissait un univers de pensée neuf, qui empruntait à son maître des symboles et des formes, mais créait ses propres références signifiantes.

La suite est fort confuse jusqu'à l'alphabet consonantique d'Ugarit, qui comporte 30 signes cunéiformes, écrits sur tablettes d'argile selon la tradition mésopotamienne. Cet alphabet est en effet une réinterprétation cunéiforme des signes linéaires des tout premiers alphabets consonantiques, fait curieux que l'on retrouvera avec le vieux perse. Les textes datent du XIVᵉ siècle et ont livré une vaste littérature.

L'alphabet phénicien cursif vit le jour dans la région de Byblos, au cours du XIIᵉ siècle ; au XIᵉ, il était fixé en ses 22 signes. Le suivirent, de près, les alphabets moabite, édonite, ammonite, hébreu, araméen — variantes du phénicien cananéen — puis, beaucoup plus tard, le nabatéen et enfin l'arabe.

Dans son étrange et stimulant livre, Gelb soutient vigoureusement, sans vraiment le démontrer, que les alphabets consonantiques sont des syllabaires comptant un nombre limité de signes (22-30), qui transcrivent la consonne, mais n'indiquent pas de voyelle. Si l'idée de Gelb a suscité de violentes réactions et n'a cessé de préoccuper les esprits — ce qui montre qu'il a peut-être visé juste —, ses arguments restent pauvres. Le principal d'entre eux consiste en ceci : après l'hellénisation de l'Orient furent inventées dans les alphabets consonantiques des marques diacritiques pour noter les voyelles *(a, e, i, o, u)*, ainsi qu'une marque appelée *shewa* par les modernes, qui caractérisait le signe auquel elle était attachée comme une consonne pure ou comme une consonne suivie d'une minuscule voyelle neutre (une sorte de *e* muet) ; pour Gelb, « le fait que les Sémites éprouvèrent le besoin de créer une marque qui indique le manque d'une voyelle signifie que pour eux chaque signe valait d'abord pour une syllabe complète ». Cet argument met en relief la valeur sensible, linguistique, que les gens de l'époque attribuaient aux signes de leur écriture ; structurellement, il est loin d'être nul.

Pour J. Février, si les civilisations sémitiques répugnent à noter les voyelles, c'est parce que le lecteur d'une langue sémitique peut déceler aisément le squelette consonantique des mots. Tout locuteur d'une langue sémitique, « qui entend prononcer un mot le décompose, par une gymnastique instantanée, en une racine consonantique et en une flexion vocalique ». La racine porte le sens de base ; les éléments supplémentaires, les affixes (préfixes, infixes, suffixes) qui se mettent devant, dedans ou à la suite de la racine, n'en transforment pas le sens, mais déterminent la forme grammaticale du mot : forme verbale conjuguée, forme nominale du verbe, adjectif ou substantif (masculin, féminin, singulier, pluriel).

Prenons par exemple la racine hébraïque QṬL « (idée de) tuer » (dont on représente les consonnes par des majuscules, tandis que les voyelles et les consonnes des affixes sont notées par des minuscules) ; on forme un participe présent masculin singulier « tuant », en ajoutant un *o* entre la première et la deuxième consonnes radicales et un *é* entre la deuxième et la troisième : *QoṬéL* ; on obtient le passé à la troisième personne du singulier, « il a tué » avec les voyelles *â* et *a* : *QâṬaL* ; l'infinitif absolu se dit *QâṬôL* ; l'impératif ne nécessite qu'une voyelle : *QṬôl* « tue ! ».

Pour certaines formes, on ne rajoute pas seulement des voyelles, mais aussi des consonnes ; par exemple : *yiQṬôl*, « il tue ou tuera (inaccompli) » ; *tiQṬôL*, « elle tue ou tuera (inaccompli) » ; *QâṬaLnû*, « nous avons tué », etc.

De façon sporadique, mais dès la fin du Ier millénaire avant notre ère, certaines consonnes dites « faibles » ont été utilisées comme *matres lectionis*, « mères de lecture » ; elles fournissaient une indication du timbre de la voyelle : par exemple, en hébreu, le *hé* à la fin d'un mot a indiqué le timbre vocalique *a* ; le *yod* (nos deux *l* mouillés) le *î* et le *é* ou *ê* ; le *wâw* le *u* et le *o* et l'*aleph* (arrêt glottal) toutes les voyelles longues.

Dans la mesure où seules les consonnes sont écrites, QṬL

peut se lire « il a tué », « tuant », « tue ! » ou « tuer » (s'il est construit avec une préposition) — ce qui n'est pas la même chose ! — et l'on comprend que l'ambiguïté n'est pas absente de ces écritures. Mais le lecteur, aidé par la séparation des mots, reconnaît dans une forme dérivée quelconque une racine en ses consonnes de base ; il restitue les bonnes voyelles pour lire le mot réel qu'il a sous les yeux, ce qu'il peut faire en s'appuyant sur l'ordre syntaxique de la phrase qui le guide par sa régularité et sur le sens global du texte. Pour lire, il faut posséder la grammaire de la langue et connaître le contexte.

Il semble donc que les alphabets consonantiques ont des traits communs avec les systèmes à logogrammes, les alphabets complets et les syllabaires. Leur caractère alphabétique est le plus évident : un signe y égale un son. Mais cette évidence est peut-être fallacieuse, car l'absence de notation des voyelles fait problème. Comment après tout définir un alphabet ? Pour le linguiste H.A. Gleason[1], aucun alphabet au monde ne note véritablement « tous les sous-systèmes phonologiques de la langue sur laquelle il est fondé », c'est-à-dire, par exemple, l'accent ou l'intonation. Mais cette position radicale est logiquement critiquable : si aucun alphabet ne note tous les sous-systèmes phonologiques de la langue qu'il décrit, alors l'alphabet pour de bon n'existe pas. Si l'on s'en tient à une définition moins radicale et fondée sur l'acoustique, selon laquelle l'alphabet serait le système notant sous forme autonome les sons à formants (voyelles et liquides) et sans formant (consonnes et semi-voyelles)[2] d'une langue, on pourrait conclure que les alphabets consonantiques ne sont pas des alphabets, tandis que l'alphabet grec en est un.

Mais cette définition négative des alphabets consonantiques ne peut permettre de fonder ce qui nous intéresse ici, une his-

1. H.A. Gleason, *Introduction à la linguistique*, 1969, p. 326 ; cité par M. Sznycer, « L'origine de l'alphabet sémitique », *in* A.-M. Christin (éd.), *L'Espace et la Lettre*, UGE, 1977, pp. 79-124.
2. Harmoniques amplifiés par les résonateurs, dans une définition acoustique des sons. Du point de vue acoustique, il n'existe pas d'opposition entre consonnes et voyelles, mais entre sons à formants et sons sans formant.

toire comparée des écritures et des civilisations graphiques. Il faut aller plus loin que la notion d'alphabet. Les arguments de Gelb proposant de voir des syllabaires dans les alphabets consonantiques sont faibles, mais, paradoxalement, son opinion peut être confortée par les arguments de Février et d'autres chercheurs. Comme celui-ci l'a écrit, le lecteur reconnaît la racine ; quand c'est nécessaire, il trie les consonnes et établit une hiérarchie sémantique entre les consonnes de la racine, celles des affixes et, quand il y en a, celles qu'on appelle *matres lectionis*. Il supplée à l'absence de voyelles par sa connaissance de la grammaire et du contexte qui lui permettent de lire, c'est-à-dire de placer mentalement les bonnes voyelles. Dans le processus de lecture, il passe par la formation mentale des syllabes du mot : il reconstitue les syllabes. Si lire c'est vocaliser, comme le pensèrent les Massorètes qui fixèrent le texte biblique en notant les voyelles, vocaliser c'est reconstituer des syllabes.

Dans l'acte de lecture, le signe alphabétique consonantique a la valeur d'une *syllabe virtuelle* — toujours sous la forme de la séquence consonne-voyelle. Cela a une implication majeure : si le signe ne typifie point une consonne qui s'opposerait à une voyelle, il évoque une matrice de parole[1], dont la couleur vocalique est indifférenciée et l'appui articulatoire premier (la consonne) bien indiqué. Alors que le signe phonétique du cunéiforme mésopotamien référait à la syllabe entendue, celui des alphabets consonantiques réfère à la syllabe comme produite par le sujet. Et cela constitue un paradoxe, car cette syllabe produite, qui nécessite deux articulations, devrait être écrite avec deux signes.

Comme les écritures à logogrammes, les alphabets consonantiques sont rivés à une écriture du mot : le mot, graphiquement séparé de ceux qui l'entourent, en est l'unité de base. De plus, certains signes, au XVe siècle avant notre ère, étaient des portraits reconnaissables de chose, des pictogrammes, qui servaient à

---

1. J.-M. Durand, « Diffusion et pratique des écritures cunéiformes au Proche-Orient ancien », *in* A.-M. Christin (éd.), *L'Espace et la Lettre*, UGE, 1977, pp. 13-59.

noter la première articulation consonantique du nom de cette chose. Par exemple : le signe ⌐¬ représentait une maison (un plan de maison), or « maison » se disait quelque chose comme *bayt*, donc ce signe ⌐¬ notait le son *b*. Si, au cours de l'évolution de l'écriture, le tracé du signe perdit son caractère réaliste, le nom de la lettre, *bayt*, conserva un ancrage concret à la valeur du signe. Ainsi, pour un petit nombre de signes, le rapport du signe au son n'était pas arbitraire. Avec les alphabets consonantiques, le pictogramme n'était pas loin.

Il est encore moins loin quand on examine l'acte de lecture qui, dans le cas d'un logogramme, consiste en une reconnaissance : on perçoit globalement de quoi il s'agit. Or, pour lire un mot, formé par dérivation grammaticale à partir d'une racine verbale et écrit avec ses seules consonnes, le lecteur doit voir la racine en triant les consonnes ; cet acte de lecture nécessite la restitution — une sorte de vision, en effet — du noyau sémantique, qui se détache de ce qui l'entoure. La présence d'autres lettres rend encore nécessaire un retour en arrière, parfois plusieurs, comme dans les écritures où se combinent logogrammes, déterminatifs et signes syllabiques.

Les alphabets consonantiques sont des écritures dont l'unité d'analyse du son est la syllabe, mais dont les unités d'écriture sont à la fois le mot et le phonème consonantique. Unité d'analyse du son et unités graphiques ne se recouvrent pas. Les alphabets consonantiques ne sont ni des alphabets complets, ni des syllabaires, ni des systèmes logographiques, mais les trois à la fois. Ce sont pourtant des alphabets, car la règle : un signe = un son, y règne.

Ils constituent une sorte de condensé des écritures mésopotamienne et égyptienne — cette dernière ayant assurément participé à leur naissance. Avec leur petit nombre de signes, ils ont signifié un progrès immense en même temps qu'un réel paradoxe. De fait, par le dessin et le nom des lettres, ils prévinrent la séparation entre l'écriture et la langue ; par la notation des consonnes qui ne peuvent être lues qu'à la condition d'être mentalement transformées en syllabes, par l'absence d'opposition entre la consonne et la voyelle, la compréhension se trouva mêlée à la lecture. La racine étant le noyau sémantique caché, ce qu'il faut saisir et comprendre, cette saisie se produit avant de lire et devient condition de la lecture.

Les écritures à picto/logogrammes et à signes syllabiques pensaient l'identité entre la chose du monde, son nom et son signe et traitaient la syllabe comme une chose du monde extérieur, agglutinée aux choses du monde visible, la syllabe étant par définition la syllabe entendue, et ces ensembles établissaient un continuum de signes où l'homme se trouvait inclus — comme au milieu d'une forêt de symboles. Dans les alphabets consonantiques, la disjonction entre l'unité d'analyse du langage (la syllabe) et les unités graphiques (la consonne et le mot), et la disparition graphique de l'unité d'analyse du langage établirent un autre continuum monde-langage-sujet, qui va du nom des choses à l'activité psychique humaine, la constitution mentale de syllabes, mais en privant cette dernière de tout support objectif.

S'ils ont signifié un progrès radical dans l'appropriation du langage par les hommes, ils n'ont pas inscrit les sons dans le corps du locuteur, mais à mi-chemin entre son corps et sa parole.

Avec l'alphabet grec c'est un peu plus simple, mais ce n'est pas aussi simple qu'on le raconte.

Les Grecs semblent avoir perdu l'usage de l'écriture — mais non le souvenir — à la fin de la période mycénienne et le retour aux pratiques graphiques nécessita un transfert de l'alphabet phénicien aux Grecs. Les signes de ce qui allait devenir leur écriture furent empruntés par les Grecs (ou les Crétois ?) aux Phéniciens, peut-être au IXe siècle avant notre ère, au plus tard au milieu du VIIIe siècle, et le premier texte connu de nous date de 730 avant notre ère. Les Grecs conservèrent peu ou prou le nom sémitique des lettres : ce qui se disait *bayt* devint *bêta*, *dalet* devint *delta*, *noun* devint *nu*. Ils conservèrent aussi l'ordre des lettres, *aleph-bêt-gimel* devint *alpha-bêta-gamma*, ce qui donna notre « alphabet ». Ils transformèrent la forme des lettres,

126

selon un mouvement de rotation ou d'inversion, marquant ainsi leur appropriation des signes. Hérodote savait (*L'Enquête*, V, 58) que les lettres grecques venaient des Phéniciens.

Les Grecs créèrent des lettres pour leurs voyelles à partir de certains signes consonantiques qui n'avaient aucune utilité pour eux, car ces signes notaient des sons qui n'existaient pas dans leur langue : ainsi *alpha* notant la voyelle *a* vient de l'*aleph*, arrêt glottal, *iota* pour la voyelle *i* vient du *yôd*, fricative palatale, *épsilon* notant la voyelle *é* vient du *hê*, aspirée douce. Il leur a peut-être paru indispensable de noter les voyelles, parce que leur langue opposait des voyelles simples à des diphtongues *(élipon* « je laissai » s'oppose à *éléipon* « je laissais ») et comptait des groupes de consonnes à l'initiale (grec *stratos* « l'armée »). Mais l'*alpha* privatif grec a dû être déterminant pour la notation complète des voyelles, qui faisait passer un mot d'un sens positif à un sens négatif : par exemple *nomos* « la loi » versus *anomos* « sans loi », qui mettait donc en œuvre une opposition logique n'admettant pas d'ambiguïté, car si l'*alpha* privatif n'avait pas été écrit, le positif et le négatif auraient été confondus graphiquement (dans les langues sémitiques la négation s'exprimait par une syllabe avec consonne).

Dans les premiers siècles, l'écriture grecque fut orientée tantôt de gauche à droite, tantôt de droite à gauche, comme les écritures sémitiques, ou encore en zigzag, c'est l'écriture boustrophédon « qui tourne comme un bœuf de labour » — la plus jolie peut-être. Les mots, dans les anciennes inscriptions grecques, n'étaient pas séparés, et cela dura très longtemps ; puis, quand la séparation fut marquée par des points ou un trait, elle s'organisa le plus souvent selon la syntaxe, ne séparant pas toujours les mots un à un, mais des groupes de mots syntaxiquement liés. Le tout ressemble incroyablement à la parole elle-même.

Le principe est connu : un signe représente un son. L'unité graphique est constituée par un signe isolé, qui, reconnu comme signifiant dans la langue, constitue également l'unité d'analyse du langage, le phonème (l'écriture grecque est une invention savante, même si les linguistes qui l'ont faite n'ont pas écrit leurs mémoires). Voyelles, liquides, consonnes et semi-voyelles (sons à formants et sans formant) sont dans l'alphabet complet des Grecs sur un même pied d'égalité graphique. Il n'y a rien à deviner comme dans les alphabets consonantiques ; il n'y a rien à trier ou rajouter à la graphie comme dans le cunéi-forme vieux-perse ; il n'y a plus ni figuration concrète comme dans les pictogrammes, ni figuration sonore, comme le nom des lettres qui rappelle le nom de la chose figurée en sa première articulation consonantique ; il n'y a pas de signe totalement indépendant de la langue et qui ne trouve sa justification que dans l'écriture comme les déterminatifs mésopotamiens ou égyptiens. L'écriture semble parfaitement adaptée au langage des hommes.

Cependant l'alphabet grec présente quelques difficultés. Si l'on explique par l'emprunt aux Phéniciens la forme et la valeur des deux tiers des signes, et par la volonté de différencier la voyelle brève *o* de la longue *ô*, la création de *omicron* (petit o) et *oméga* (grand o), les signes *psi, xi*, posent des problèmes particuliers ; ce sont de pures créations grecques, sans modèle antérieur, et ce ne sont pas de purs signes alphabétiques.

Pour les groupes *p+s* et *k+s*, l'usage d'un signe unique *(psi* et *xi)* ne s'est généralisé qu'assez tard ; tout au long des VIIᵉ, VIᵉ et même Vᵉ siècles avant notre ère, avec des différences selon les régions, on trouve les groupes *p+s* et *k+s* notés avec deux lettres, c'est-à-dire *pi* et *kappa* suivis de *sigma*, ou plus souvent *phi* ou *khi* suivis de *sigma*. « Puis l'usage se généralise d'un signe uni-que pour chacun de ces groupes (...). À partir du VIᵉ siècle, on trouve *ks* noté par *X* dans les alphabets "occidentaux" ; à partir du VIIᵉ siècle, on trouve *ps* noté par ↓ et *ks* par Ξ dans les alphabets "orientaux" : c'est ce système qui devait prévaloir dans toute la Grèce à partir du IVᵉ siècle[1]. » D'un point de vue articu-latoire, la notation par deux lettres se comprend : il faut deux articulations pour les groupes *p+s* (occlusive bilabiale + sifflante)

---

1. M. Lejeune, *Phonétique historique du mycénien et du grec ancien*, Klincksieck, 1972, p. 72 *sq.*

et *k+s* (occlusive vélaire + sifflante), même si l'occlusive est transformée et adoucie par la sifflante. On a dit et entendu deux sons, on a écrit deux lettres, jusqu'au moment où la graphie avec une seule lettre s'est imposée.

Ce problème est à rapprocher de celui des consonnes aspirées. Dès le début de l'alphabet grec, le *t* aspiré fut graphié θ *thêta*, avec le signe de l'occlusive dentale sourde emphatique sémitique *(tet)*, tandis que le *taw*, dentale sourde simple du phénicien, constitua le modèle de son équivalent phonétique, le *tau* grec. Les occlusives aspirées *ph* et *kh* — qui se prononçaient bel et bien avec une occlusion suivie d'une aspiration et non avec une spirantisation où *p+h* donne *f* — ne disposèrent pas, au début de l'écriture grecque, de signes spéciaux, comme dans les syllabaires mycénien et chypriote. Pendant longtemps, on fit suivre le signe de l'occlusive du signe de l'aspiration *H* (il s'agit ici de la graphie grecque) : on écrivit donc *pi* suivi de *H* pour le *p* aspiré qui, plus tard, se nota *phi*, *kappa* ou *qoppa* suivi de *H* pour le *k* aspiré, qui se nota ensuite *khi*. L'évolution de l'alphabet grec montra donc une tendance à écrire avec un seul signe des sons que l'on avait analysés en deux sons distincts.

Cela est à rapprocher du problème de l'aspirée *h* devant une voyelle en début de mot. Dans la plupart des régions du monde grec, sauf en Asie Mineure, les inscriptions archaïques attestent la graphie de l'aspirée *h* avec le signe autonome *H*, à l'origine la lettre phénicienne *het* qui avait la même valeur phonétique. Dans les dialectes ioniens et éoliens d'Asie Mineure, l'aspiration s'étant amuïe, le signe *H*, libre d'attribution, fut utilisé pour noter le *é* ouvert, c'est-à-dire le *ê*, appelé *êta*. Dans d'autres dialectes grecs, l'aspiration était bel et bien prononcée et notée. On en constate l'existence dans les cas d'élision *(kata hêmérân* s'écrivant *kaθêmérân*, l'aspiration initiale de *hêméra* étant portée sur la consonne finale *t* de *kata*, une fois que l'élision du *a* final s'est produite), et de composition (* *éis-hodos* devient *éishodos*, noté *éshodos* à Athènes au Vᵉ siècle).

L'aspiration cessa d'être notée, là même où elle se prononçait encore, lorsque l'alphabet ionien d'Asie devint le système d'écriture commun à toute la Grèce. En 403 avant notre ère, les

Athéniens adoptèrent l'écriture ionienne, alors que leur dialecte conservait bien clair le *h* aspiré. Athènes, la capitale de l'*Aufklärung* antique, institua un manque graphique puisque l'aspiration disparut de la graphie. L'on n'avait pourtant pas oublié que le signe *H* désormais lu comme la voyelle *ê (êta)* référait à l'aspirée *h* : dans l'écriture acrophonique des nombres, qui voulait que la première lettre du nom d'un nombre désignât ce nombre, le signe *H* notait le nombre 100, parce que l'aspirée notée *H* était la première articulation et la première lettre du mot *hékaton* « cent ». Or cette graphie acrophonique des nombres était elle-même athénienne : elle typifiait à la fois la prononciation vivante de l'aspirée et sa notation par *H*.

La notation de l'aspirée manqua ; elle fut réintroduite timidement à la fin du IVe siècle sous la forme ⊢, soit la moitié antérieure du H ; c'est ce signe qui devint l'« esprit rude », en grec *pneûma dasu*, nom que lui donnèrent les grammairiens alexandrins du IIIe siècle avant notre ère.

Résumons les aspects particuliers de l'écriture grecque. Les Grecs prirent la règle des alphabets consonantiques : un signe = une matrice sonore consonantique, et par la graphie des voyelles l'étendirent à la règle nouvelle suivante : un signe = un son. Cette dernière n'est pas devenue pour autant bi-univoque : un son = un signe. De fait, les lettres *xi* et *psi* répondent à la règle : un signe = un groupe de deux sons consonantiques.

De plus, la disparition officielle de la graphie de l'aspirée dans l'écriture adoptée à Athènes en 403 implique la règle : un son = zéro signe. Ce dernier fait imposa au lecteur d'ajouter un son non graphié et fut à l'origine de la réintroduction de l'aspiration avec l'esprit rude. Longtemps après, l'on inventa la notation de l'esprit doux, indiquant que sur la voyelle initiale il n'y avait pas d'aspiration. Cette graphie répond à la règle : un signe = zéro son, ce qui est paradoxal dans un alphabet.

L'alphabet complet, outil remarquable, semble avoir posé quelque difficulté, surtout aux Athéniens de 403 avant notre ère.

Quelles sont les caractéristiques de cette écriture, en dehors de ce que nous venons de voir ? Certains signes alphabétiques — que ce soit dans notre alphabet ou dans celui des Grecs — ne notent pas un son, mais un non-son. Si le signe utilisé pour désigner le son *a* note une prononciation possible du *a*, le signe *t*, par exemple, ne désigne pas un son, mais un non-son, que les Grecs eux-mêmes appelaient *aphonos* « dépourvu de son ». Ce signe désigne en effet une position de l'appareil phonatoire qui sert, avec l'ajout indispensable d'une voyelle, à prononcer un *t* ; car *p, t, k, b, d, g, m, n*, sont des consonnes occlusives produites par une fermeture de l'appareil phonatoire suivie d'une ouverture pour le passage de l'air de la voyelle. Donc certains signes de l'alphabet complet ne notent pas des sons, mais des positions de l'appareil phonatoire. Ces signes réfèrent au corps du lecteur et en évoquent la parole muette, intérieure et privée.

Or l'acte de lecture de l'alphabet complet est linéaire : on ne revient pas en arrière, on ne procède pas à une saisie globale, on n'a pas besoin de voir le signe qui suit pour déterminer la valeur de celui qu'on lit. C'est pourquoi l'écriture alphabétique ressemble tellement à la parole : elle occupe, sans boucle ni repentir, le fil du temps qui passe. Au contraire de ce qui se fait avec les alphabets consonantiques, la lecture de l'alphabet complet ne nécessite pas la langue : c'est la compréhension qui l'appelle. Nous avons tous fait l'expérience de lire une phrase difficile sans la comprendre ; nous lisons les mots, la phrase, la page, et soudain nous sentons qu'il nous faut recommencer pour comprendre. L'alphabet complet nécessite un corps — des yeux et l'expérience d'un appareil phonatoire — et un esprit qui comprend, mais ne nécessite pas leur conjonction ; avec l'alphabet complet, lire n'est pas identique à comprendre.

Par la dissociation lecture-compréhension, l'alphabet complet introduit le dualisme corps-esprit. Rien de tel n'existait dans les autres écritures, ni dans les écritures à picto/logogrammes où l'ensemble formé par la chose du monde, le signe graphique et le mot faisait de l'écriture un double sensible du monde sensible ; ni dans les alphabets consonantiques ou dans le cunéiforme vieux-perse (voir plus bas), où la lecture impliquait de lire ce que l'on connaissait d'avance, le lexique et la structure morphologique de la langue. Avec l'alphabet grec, l'on peut tout lire sans rien comprendre.

L'alphabet complet donne à voir à la fois le travail intérieur du corps parlant et l'universel du langage humain. De fait, mettre sur un même plan d'égalité graphique les consonnes et les voyelles, sons produits par fermeture ou par ouverture de l'appareil phonatoire, revenait à écrire que tous les sons venaient du corps de l'homme. Les Grecs ont été conscients que leur écriture permettait la transcription des mots d'autres langues que la leur : à preuve l'extraordinaire exactitude du rendu phonétique des mots scythes et iraniens rapportés par Hérodote, par exemple. Transcrire la langue des autres dans ses propres phonèmes revient à montrer que le langage vient du corps de l'homme et que tous les hommes sont dans le langage.

L'écriture cunéiforme vieux-perse fut peut-être créée pour Cyrus le Grand (550 ?-530 avant notre ère), fondateur de l'Empire perse achéménide, lorsque celui-ci décida de laisser son nom et ses titres sur les bâtiments de Pasargades, dans le sud-ouest de l'Iran. Darius le Grand (521-486) fut le seul roi achéménide qui fit composer de vrais textes et y prit plaisir. Il y mit même du génie : de la logique, de l'expressivité, du silence sur ce qu'il fallait cacher, un peu d'obscurité au récit d'une bataille perdue, tout ce qu'il faut de rigueur et de maîtrise rhétorique pour évoquer des mythes et suggérer des rites sans les nommer, mais en y référant implicitement si bien qu'ils imprègnent les textes de sacralité. Ses successeurs l'imitèrent sans guère innover. L'usage du cunéiforme vieux-perse s'éteignit avec la dynastie achéménide et la conquête d'Alexandre le Grand.

Cette écriture faite par les grands rois pour un usage monumental a été voulue comme la synthèse de tout ce qui était graphiquement accessible aux Perses du temps de Cyrus, soit : du cunéiforme — élamite et mésopotamien —, de l'idéographique, du syllabique, de l'alphabétique et probablement encore d'autres choses. L'écriture vieux-perse porte en elle le reflet de l'Empire achéménide qui s'identifiait au monde habité, ce qui n'est nullement contradictoire avec son caractère d'écriture quasi privée du roi achéménide, car elle n'a à peu près servi qu'à éterniser la parole royale. Une cinquantaine d'inscriptions répétitives, tantôt dédiées aux seuls lecteurs divins par leur situation sur une falaise vertigineuse, tantôt enfouies dans les fondations de Persépolis, tantôt ornant les murs des salons de Suse : un corpus infime par sa quantité et remarquable par sa volonté de signifier.

Cette écriture a soulevé des discussions passionnées : est-ce un syllabaire ou un alphabet ? Le modèle en est-il un alphabet sémitique ou est-elle dérivée des écritures mésopotamiennes ? De quand date-t-elle exactement ? Les inscriptions d'Aryaramnès et Arsamès, aïeux de Darius Ier, sont-elles des faux antiques ? A-t-il existé une écriture mède, d'une forme proche, sachant que les langues mède et perse étaient très voisines ?

Bon nombre de ces questions n'ont pas de réponse, du moins pour l'instant, mais cela ne nous empêchera pas d'aller de l'avant.

Les signes notant le vieux perse sont cunéiformes, composés à base du coin, du clou vertical et du clou horizontal et imprimés sur l'argile, incisés dans la pierre ou moulés dans le métal, comme tous les signes cunéiformes. L'écriture va de gauche à droite, et il n'y a pas de ponctuation. Si la technique graphique est cunéiforme, la forme des signes constitue, comme pour l'ougaritique, une réinterprétation cunéiforme des signes linéaires phéniciens. Par exemple : le signe perse pour *m/ma* dérive du signe phénicien du Xe siècle *m* ; les inventeurs du cunéiforme vieux-perse ont représenté avec des clous verticaux les brisures du *m* phénicien et y ont ajouté un petit clou horizontal à gauche. Ce n'est pas vrai pour tous les signes, car certains viennent du cunéiforme mésopotamien ou élamite, tandis que d'autres, les logogrammes en particulier, sont de pures inventions formelles.

Du point de vue de la valeur, les signes vieux-perses appartiennent à trois catégories. Il y a d'abord cinq logogrammes, indécomposables, n'ayant aucun rapport avec le son, aucun rapport avec la forme réelle de la chose représentée et ne disposant que d'une seule valeur. Ces logogrammes réfèrent à un concept clé de la culture perse à la période achéménide : Ahura Mazdâ (nom propre du grand dieu des Iraniens anciens), le titre de roi, le pays, la terre, le titre de dieu.

La deuxième catégorie consiste en un séparateur de mots, toujours attesté.

Tous les autres signes notent le son. Il y a trois signes pour les voyelles, *â* long, *i* et *u* (sans indication de la longueur), et 22 signes pour les consonnes. Ces derniers ont la capacité de noter sans distinction aucune la consonne isolée ou la consonne suivie d'un *a* bref ; c'est dire que le même signe peut être lu comme la consonne seule ou comme une syllabe, soit la consonne suivie de la voyelle *a* bref (on appelle ces signes « signes à *a* inhérent », et on les note avec la voyelle en exposant, par exemple : *m*ᵃ*)*. Comme une voyelle sur deux (au moins) dans la langue vieux-perse était un *a* bref, les inventeurs de cette écriture créèrent une notation économique. Ils reproduirent en vieux perse : ⸙⸙ lu *m* ou *m*ᵃ, par exemple, l'ambiguïté des alphabets consonantiques, où l'écriture privilégie les consonnes et le signe figure une syllabe virtuelle.

Mais le principe d'économie graphique est contrecarré par l'existence de onze signes à *i* ou *u* « inhérents » ; quatre signes en *i* : *ĵ*, *d*, *m*ⁱ, *v*ⁱ ; sept en *u* : *k*ᵘ, *g*ᵘ, *t*ᵘ, *d*ᵘ, *n*ᵘ, *m*ᵘ, *r*ᵘ. Ils pourraient apparaître comme d'excellents signes syllabiques, consonne+voyelle, mais ils n'ont pas été utilisés comme tels, car la voyelle inhérente *(i* ou *u)* était — sauf exception — répétée à leur suite avec son signe autonome : par exemple, pour écrire la syllabe *ku*, présente dans le nom du roi Cyrus : *Kuruš*, on se servit du signe *k*ᵘ à voyelle *u* inhérente, suivi du signe *u* autonome et l'on écrivit *k*ᵘ*-u*.

Pour comprendre ce système, il faut décrire le processus de lecture. Face à un signe à *a* inhérent, le lecteur décide s'il doit lire la consonne isolée ou la syllabe en *a* ; par exemple, le pronom personnel sujet de la première personne, « je », s'écrit *a-d*ʰ*-m*ᵃ et peut se lire *adam* ou *âdam* (à l'initiale d'un mot, le signe *a* peut se lire *a* bref ou *â* long), *adama* ou *âdama*, *adma* ou

âdma, âdm ou *adm*. Le lecteur vieux-perse de l'Antiquité —
tout comme le philologue moderne — savait que cela se lit
adam. Pour lire, il faut sans cesse choisir entre la présence ou
l'absence d'une voyelle *a* bref qui est, de façon seulement virtuelle, prévue dans la graphie ; ce choix nécessite de référer à la
langue.

Quand le lecteur est confronté à la séquence : signe consonantique à *a* inhérent suivi du signe autonome *i* ou *u*, deux
lectures sont possibles ; l'une avec la voyelle simple : $p^a + i = pi$,
l'autre avec la diphtongue, le *a* du signe à *a* inhérent suivi de
la voyelle autonome : $p^a + i = pa\ddot{\imath}$.

Cette ambiguïté de lecture explique l'existence des signes à *i*
et *u* inhérents suivis de la même voyelle. Selon M. Mayrhofer[1],
ces signes ont été inventés pour empêcher la lecture avec la
diphtongue. En effet, dans la mesure où, par exemple, le signe
n^u existe parallèlement au signe n^a, la graphie n^a-*u* impose la
lecture *naü* et exclut la lecture *nu* ; car si l'on avait voulu écrire
la syllabe *nu*, on aurait écrit : n^u-*u*. Par contre, la séquence
graphique p^a -*i* peut se lire *pi* et *paï*, car p^i n'existe pas. Dans le
mot écrit : *a-n^u-u-$\check{s}^a$-i-y^a-a*, qui devait se dire à l'époque *anušyâ*,
le groupe de signes n^u-*u* évitait la lecture fautive *anaušyâ. Il est
hautement probable que cette graphie pléthorique avait pour
but d'éviter dans l'exemple cité la confusion entre *anušyâ* « les
partisans d'un rebelle » et *anaušâ « (la garde des) Immortels du
Grand Roi ». Nous avons affaire à des signes conçus pour corriger l'économie graphique des signes à *a* bref inhérent et pour
éviter une lecture fautive. Ce sont des signes phonétiques dont
la fonction est d'*empêcher de lire et de dire*, et non pas de *permettre de lire et de dire* ; des signes phonétiques conçus à l'inverse
du principe de la phonétisation.

Malgré son petit nombre de signes, le cunéiforme vieux-perse
frappe par son étrange complexité — et nous ne pouvons exa-

1. M. Mayrhofer, « Überlegungen zur Entstehung der altpersischen
Keilschrift », *Bulletin of the School of Oriental and African Studies*, XLII, 2,
1979, pp. 290-296.

miner ici toutes les conventions d'écriture. Si la technique cunéiforme et l'usage de logogrammes sont hérités de la Mésopotamie, si l'interprétation des sons de la langue suit pour une grande part les systèmes consonantiques où la consonne domine et où la syllabe est virtuelle, cette écriture tient des trois systèmes : écriture logographique, syllabaire et alphabet.

Que fait le lecteur quand il lit du cunéiforme vieux-perse ? Il procède à une lecture globale de reconnaissance de forme avec les logogrammes et, pour le reste, il discrimine sans cesse entre les lectures graphiquement possibles dans le principe ; il choisit ou exclut de lire la voyelle *a*. Pour ce faire, il fait appel à sa connaissance du lexique et de la morphologie, en même temps qu'il envisage les signes suivants. En vieux perse aussi, il faut comprendre pour lire, lecture et compréhension sont imbriquées dans l'écriture. Et si le cunéiforme vieux-perse tient du syllabaire, c'est encore un syllabaire paradoxal, qui ne note pas la syllabe comme le son de base de la parole entendue, venue de l'extérieur, mais comme le son choisi par le lecteur.

Les trois systèmes graphiques que nous venons de voir ont en commun de noter le son et d'en mettre le point d'application dans le sujet parlant, lisant et écrivant. Les syllabaires cunéiformes notaient la syllabe entendue, le son qui frappe le tympan et que traitent en le divisant l'oreille et le cerveau. La syllabe y apparaît comme une chose du monde extérieur, comparable aux choses que représentent les pictogrammes ou aux choses du langage, les mots, qui sont là pour les choses du monde elles-mêmes. La graphie par syllabes semble excellente avec son nombre raisonnable de signes et sa reproduction de la parole entendue qui symbolise la première impression que, dans l'ontogenèse, le sujet se fait du langage : comme la vie, il est quelque chose de reçu. Mais l'homme ne s'en est point contenté.

L'écriture avait transformé son rapport au langage, à lui-même, au monde. Par l'écriture, l'homme s'appropriait lentement mais sûrement le langage, et les systèmes à logogrammes et à syllabe entendue ne lui suffirent plus. Il désira noter le langage de l'intérieur, du point de vue du parleur. Révolution radicale, absolue, irrémédiable, qui condamna les vieux mondes graphiques, Égypte, Mésopotamie et Élam, avec leurs logogrammes et leurs diverses graphies phonétiques. Révolution que réalisèrent les alphabets à matrice sonore consonantique, dans la première moitié du IIe millénaire et dont nous dépendons encore.

Si dans ces alphabets l'unité d'analyse du langage resta la syllabe, cette syllabe changea de nature. Elle était en Mésopotamie pensée comme syllabe entendue, elle fut désormais pensée comme virtuelle, non pas écrite, mais produite dans l'acte de lecture. Il y eut passage d'une frontière invisible : la syllabe réduite à la matrice sonore consonantique était une syllabe paradoxale, dite mais à articulation unique. Bien que virtuelle, la syllabe demeure l'étape indispensable : entre les signes et la langue, entre la lecture et la compréhension. Mais en contrepartie, la consonne seule écrite se maintient comme retenue dans le réseau de sa fonction sémantique, de son appartenance lexicale et grammaticale : la consonne n'y est pas une vraie consonne, s'opposant à la voyelle, faisant couple avec elle. Elle figure plutôt une matrice articulatoire, à quoi manquerait le souffle, venu d'ailleurs.

La syllabe était prévue dans le cunéiforme vieux-perse, se partageant la lecture avec la consonne ; le lecteur choisissait la bonne solution avec ou sans la voyelle *a*. Ce choix, nous le verrons plus loin, est un choix religieux.

Il n'y a pas de syllabe dans l'écriture grecque, qui note les positions de l'appareil phonatoire et montre le corps parlant. L'écriture fait son chemin linéaire dans le temps, comme la parole. En bonne logique, et comme on l'a vu, les Grecs eurent des difficultés avec les consonnes, car les signes pour les consonnes occlusives *p, t, k, b, d, g,* ne référaient plus du tout à des sons. Or, les occlusives sont des phonèmes particuliers ; d'une part, les plus récentes études acoustiques ne permettent toujours pas de donner une définition mathématique de ces sons ; d'autre part, la linguistique typologique nous montre qu'aucune langue humaine connue, passée ou présente, n'est privée de consonne occlusive, ces non-sons qui bloquent le souffle, gèlent les muscles, nécessitent la maîtrise de soi, alors qu'*in abstracto* les voyelles pourraient parfaitement suffire à constituer une langue.

Les occlusives disent dans leur universalité que le langage, le son humain et la parole sont intention et construction sur l'intention : vouloir dire est un saut dans l'inconnu, une rupture d'avec l'instant où l'on ne voulait rien du tout, un risque mettant le locuteur dans une situation périlleuse, entre le silence dont il ne veut plus et le contrôle impossible du temps qui file.

Les écritures à picto/logogrammes et à syllabe entendue continuèrent de montrer à l'homme que le langage et la parole n'étaient pas son champ d'expérimentation propre et sa création. Elles le protégèrent de la prise de conscience de son intention et de sa liberté dans le langage. La graphie consonantique donne à voir le mot et la matrice articulatoire, laissant un vide entre les deux, ce vide de la syllabe et de la parole réelles. Là encore, les signes ne disent pas l'humaine propriété du langage. Dans l'alphabet grec, la consonne s'oppose à la voyelle. Dès lors, le signe pour la consonne n'est plus un signe phonétique. Si la rationalité de l'alphabet complet est frappante, qui veut que tout son isolé de la langue soit écrit de façon autonome, elle cache néanmoins une irrationalité plus profonde : un son = zéro signe *(h* aspiré) et un signe consonantique = un non-son. Ce qui caractérise l'alphabet complet, du grec jusqu'au nôtre, demeure une tension entre le rationnel et l'irrationnel, l'impossible piégeage graphique de l'intention de parole et la course infinie derrière le temps qui fuit.

Peut-être tenons-nous ici une occasion pour nous interroger sur les rapports de l'Orient et de l'Occident. Comment les situer respectivement au regard de l'écriture ?

En première approximation, il y a deux Orients. Celui dont les écritures comportent un reste, celui dont les écritures n'en comportent guère, tandis qu'en Occident grec l'écriture n'en produit pas du tout. Qu'est-ce que le reste ? Ce qui est inclus dans la valeur des signes et qui ne sert pas à lire au moment d'une lecture actuelle. Dans le syllabaire élamite, le signe ⊢⊢⊤ peut se lire comme le déterminatif divin devant les noms de dieux, ou comme *nap*, le nom élamite pour « dieu », ou encore comme la syllabe *an*; les trois valeurs sont prévues, les trois lectures sont justes. Quand le lecteur en choisit une, celles, légitimes pourtant, qu'il délaisse, constituent un reste.

Dans le cunéiforme vieux-perse, si le lecteur ne lit pas la voyelle *a* inhérente, il ne fait pas une erreur, mais un choix prévu par le graphisme. La voyelle délaissée constitue un reste.

Si le reste n'est pas consubstantiel aux alphabets consonantiques, ils en attestent néanmoins ; en effet, les consonnes faibles, servant de *matres lectionis* et indiquant un timbre vocalique, perdent leur caractère consonantique à la lecture et produisent donc un reste. En Grèce, l'alphabet complet ne laisse pas de reste, car tout et rien que ce qui est écrit doit être lu. Aussi l'affaire du *h* aspiré, qui disparaît de l'écriture en 403 avant notre ère à Athènes, est-elle apparentée au problème du reste, dans le sens inverse ; les Athéniens ont préféré que l'écriture soit en manque, en donne moins que plus.

Les alphabets participent de l'Orient et de l'Occident, mais le reste graphique les divise. Les Orientaux — et certains plus que d'autres — aimèrent l'écriture riche, qui déborde de sens et de symboles, les Occidentaux l'aimèrent pauvre. Les Orientaux aimèrent être pris et enveloppés par les signes, les Occidentaux aimèrent limiter les signes.

3.

Le cunéiforme vieux-perse
ou l'écriture comme rite et texte cosmologiques

Nous avons examiné dans les chapitres précédents trois systèmes graphiques qui ont permis l'éclosion, le développement et la survie jusqu'à nous de grandes civilisations littéraires.

Le succès de ces systèmes est un problème en soi. Vient-il de la notation des langues ? Assurément, dans un premier temps, parce que celle-ci permet de conserver les textes de lois, les actes économiques, le récit des victoires, le contenu des traités, les religions et les mythes, les recherches mathématiques, etc. Ces écritures ont participé au déploiement de ces civilisations. Mais rien de tout cela ne suffit à expliquer leur incroyable durée, car les langues changent.

Succès et durée viennent de ce que les civilisations ont développé chacune une explication de ce qu'est le langage, comme elles l'ont fait pour tous les invariants de la condition humaine, la naissance, la mort, la différence sexuelle et l'alliance, entre autres. Au contraire de nous, ces civilisations n'ont pas pensé le langage comme le champ propre de l'homme, mais plutôt comme un invisible qui avait quelque chose à voir avec le monde des dieux invisibles. Les diverses théories du langage qu'ont inventées les hommes constituent, en effet, une donnée de la sociologie et de l'histoire.

Il semble bien que l'écriture ait joué un rôle dans le développement de ces idées. En Élam, en Mésopotamie et en Égypte, l'écriture était devenue le lieu de rencontre éternel entre les hommes et les dieux, elle s'était glissée à côté des prières pour les reproduire, à côté des rites pour les perpétuer. Peut-être avait-elle fait apparaître que le langage est le seuil de l'invisible. Par l'évocation des morts, par l'expression du passé ou du futur, du potentiel, du virtuel, c'est-à-dire de l'inconnu qu'est l'avenir des hommes sur terre et surtout après la mort ; par l'expression encore plus raffinée, et qui n'est pas possible dans toutes les langues, de l'irréel, le langage a la capacité de mettre l'homme en présence de ce qui n'est pas visible, de ce qui n'est pas ou plus présent ou de ce qui peut-être n'existe même pas. Mais ce fait si évident n'a pas toujours été perçu comme tel, car les hommes ont longtemps préféré rencontrer les dieux par la vue, le rêve, l'hallucination, le voyage chamanique, etc.

L'écriture devint donc le moyen d'accéder aux invisibles : on pense aux nombreuses demandes écrites, de guérison, de réparation d'injustice, émises par les fidèles aux dieux égyptiens dès le IIe millénaire avant notre ère et confiées aux prêtres ou jetées au hasard, aux malédictions élamites (et autres) des inscriptions, ou encore à certains procédés divinatoires. Pour atteindre la justice ou la pitié divines, l'écriture se fit magie. Elle figura aussi un prestigieux outil de connaissance des dieux dans les deux grandes civilisations scientifiques de l'Antiquité. P. Vernus pour l'Égypte, J. Bottéro pour la Mésopotamie ont montré comment, en combinant les signes, leurs diverses valeurs logographiques et phonétiques, en combinant encore ces valeurs à celles de signes connexes, les intellectuels de l'Orient antique se sont servis de l'écriture des noms propres divins pour connaître et décrire les dieux Amon Rê en Égypte et Marduk à Babylone. Ces deux écritures, caractérisées par une combinaison potentiellement infinie entre les diverses valeurs des signes : images, mots et sons, fournirent le nécessaire terrain de l'expérimentation pour progresser dans la connaissance de l'invisible.

Sachant que la parole dans la prière servait déjà de lien entre les dieux et les hommes, bien avant l'écriture, qu'allait-il symboliquement advenir d'elle dès lors que l'écriture, avec les alphabets consonantiques, le cunéiforme vieux-perse et l'alphabet grec, nota le son du point de vue du sujet parlant ? La parole prit une place centrale, typifia l'homme qui sacrifie et l'homme en général. Phénomène humain universel, la parole n'a pas été pensée, vécue, actualisée de la même façon selon les cultures, les civilisations et leur histoire. Il est passionnant d'essayer de comprendre, grâce aux travaux des ethnologues, ce qu'était la parole dans les sociétés « sauvages ». P. Clastres s'y est illustré [1]. Dans les sociétés qu'il décrit, le chef était radicalement dépourvu de pouvoir, mais doté d'un puissant prestige. Bon orateur, il assumait la fonction — non pas de juge — mais de modérateur — du groupe, qui apaise les conflits internes par la parole. Dans plusieurs sociétés, il était contraint à prononcer un discours par jour, que personne n'écoutait et dont le contenu ne variait point : il nous faut vivre selon la tradition, disait-il en substance, comme les ancêtres l'ont établi, dans la paix, l'honnêteté et l'harmonie. Le chef était donc en dette de parole ; celle-ci constituait son devoir et une contrainte absolue pesait sur elle : la parole ne lui appartenait pas, elle ne signifiait pas une autorisation à dire son désir, elle nécessitait l'effacement de lui-même et typifiait un pur rappel de la tradition. La parole du chef réaffirmait perpétuellement que le langage est hors de l'homme, que, dans le langage, l'homme est dépendant des ancêtres et des puissances invisibles.

La parole du guerrier — membre masculin du groupe — et celle de la femme ne disposaient pas d'un autre statut. À tout accueil d'étrangers, les femmes réunies émettaient une chanson triste évoquant la condition humaine faite de naissance et de mort : chanson de mères qui mettent au monde des mortels et qui effacent leur immense pouvoir génésique dans cette plainte indifférenciée, impersonnelle, toujours identique. La scène que

---

1. P. Clastres, « Philosophie de la chefferie indienne », « L'arc et le panier », « Le devoir de parole », in *La Société contre l'État*, Éd. de Minuit, 1974. De mon point de vue, ce sont les considérations de Clastres sur le langage, fondées sur une exceptionnelle sensibilité à la parole, qui font de son œuvre un monument irremplaçable.

décrit Clastres, où les guerriers guayakis chantent dans la nuit près du feu, serrés les uns contre les autres et se tenant chaud, reste inoubliable. Chaque guerrier y chante une mélopée que dans pareille cacophonie nul ne peut entendre et comprendre, une même parole brutale de glorification de soi comme grand guerrier vainqueur, parole d'orgueil au refrain unique et commun : « moi, moi, moi ». Chantée en présence des autres, cette parole est pourtant solitaire, énoncée dans le vide de toute écoute. Là encore, le langage n'est pas des hommes et la parole n'est pas du sujet.

Nous avons vu qu'en Élam l'écriture était liée aux systèmes politiques, à l'État et à la hiérarchie sacrale entre les hommes, qu'elle naquit de la dette des sujets au roi ou au prêtre — dette de biens et de travail. À quoi s'ajoute l'expression si fréquente : « Je suis à toi » que dit le sujet à son roi et le roi à son dieu, où s'expriment et la dépendance ontologique et la dette de parole dans la dépendance.

L'écriture s'infiltra dans les théories du langage et développa une nouvelle théorie de la parole. En notant le langage de l'intérieur du sujet, l'écriture devint le moteur d'une nouvelle conception de la parole, du langage, de l'homme, du monde, des dieux : le moule dans lequel l'homme allait penser le monde.

Comprendre comment l'écriture devint ce moule représente un immense travail dont nous ne pouvons ici que jeter les bases. Or, ce travail est devenu indispensable, car la photographie, la radio, le cinéma, la télévision, la vidéo et la micro-informatique nous ont fait quitter les pratiques d'écriture et de parole que nous ont laissées nos ancêtres.

Au regard de la pérennité des civilisations graphiques, l'Iran est le contre-exemple parfait. L'Iran mazdéen constitue une histoire graphique particulièrement tourmentée. Un iraniste qui travaille sur l'Antiquité doit approcher les langues de l'Iran ancien (l'avestique, le vieux perse, le moyen perse et enfin le persan classique), et leurs écritures (l'alphabet avestique, le cunéiforme vieux-perse, le système pehlevi et l'alphabet arabo-persan). En plus, pour lire des textes émanant des centres mêmes du pouvoir iranien à la période achéménide, il faut savoir le grec et son alphabet, l'élamite et l'akkadien notés en cunéiforme, l'araméen et l'hébreu écrits en alphabet consonantique. Un même éclatement graphique et linguistique s'impose à ceux qui travaillent sur l'Iran parthe et sassanide.

Comment se fait-il qu'une civilisation ait utilisé, au cours de deux millénaires, tant de systèmes graphiques et de langues ? La Mésopotamie a connu au moins le sumérien et l'akkadien (exprimé par deux dialectes principaux, le babylonien et l'assyrien), et les a notés avec l'écriture cunéiforme, variée dans ses réalisations, mais homogène dans son principe et son histoire. L'Égypte développa sa langue en sa longue aventure et l'écrivit avec trois graphies : hiéroglyphique, hiératique et démotique, mais les divers états de langue et les trois écritures dérivent les unes des autres. Alors qu'en Iran les écritures ne dérivent pas les unes des autres et les langues — par exemple l'araméen, l'élamite et le vieux perse pour l'Antiquité achéménide, le grec, l'arabe, l'arménien et le moyen perse pour la période sassanide — sont étrangères les unes aux autres.

Une civilisation qui se reconnaît dans des écritures et des langues si variées manifeste-t-elle néanmoins une permanence dans son histoire graphique ? Pour trouver cette permanence que l'on pressent et que tout dénie, il faut passer à un autre niveau que l'analyse linguistique : montrer une cristallisation entre l'aspect linguistique de l'écriture et la théorie que les Iraniens de l'Antiquité mazdéenne ont mise en œuvre pour symboliser et socialiser le langage.

L'Iran proprement dit, celui des Indo-Iraniens et non celui des Élamites, commence du point de vue de la documentation linguistique par les textes avestiques. La langue de l'Avesta, le livre sacré des mazdéens, est constituée par deux états de langue : d'une part, le vieil avestique, attesté dans les parties les plus anciennes du corpus : les *Gâthâs* « Chants » (en vers) et le *Yasna Haptanghâti* « Sacrifice aux sept chapitres » (en prose), inclus au moment de la composition du corpus sacré dans le livre appelé *Yasna* « Sacrifice » ; d'autre part, l'avestique récent, état de langue des parties plus tardives : le *Yasna* non gâthique, les *Yasht* « Hymnes » et le *Vidêvdât* « Loi de séparation d'avec les démons », pour ne citer que l'essentiel.

L'Avesta tel que nous le connaissons semble n'avoir été écrit que vers le VIᵉ siècle de notre ère. Mais les *Gâthâs* et le *Yasna Haptanghâti* ont dû être composés oralement bien avant, peut-être vers le Xᵉ siècle avant notre ère. Cette date ne propose pas une vraie référence chronologique, mais constitue un repère relatif sans substance historique : nous ne savons pas du tout de quand datent ces textes, nous ne savons ni où résidait la communauté qui les a composés, ni comment elle vivait, et nous ne savons rien de Zarathustra qui en est l'auteur présumé. Reste que les textes vieil-avestiques ont été probablement conçus sans l'usage de l'écriture et qu'il est possible de saisir la théorie du langage qu'avaient les Iraniens anciens qui les ont composés.

Les *Gâthâs* et le *Yasna Haptanghâti*, noyau des textes mazdéens sacrés, s'adressent au dieu principal Ahura Mazdâ, « le Maître attentif ». Ces textes étaient récités devant le feu pendant le rite du sacrifice. Les locuteurs, la communauté gâthique, le chantre et le sacrifiant (c'est-à-dire le commanditaire du sacrifice), Zarathustra enfin, y disent pourquoi ils rendent culte à Ahura Mazdâ, proclament leur théologoumène principal : Ahura Mazdâ est responsable de la cosmogonie. En même temps qu'ils sacrifient, ils récitent ces textes qui constituent des spéculations sur le rituel : ils agissent, ils parlent et ce qu'ils disent donne la raison religieuse de ce qu'ils font.

Une partie du discours mazdéen sur le rituel tourne autour du concept de *manyu*, que l'on traduisait par « état d'esprit », que J. Kellens[1], comprend comme signifiant « l'avis », entendez « l'avis sur Ahura Mazdâ » et qui est d'abord un « agent de pensée », car *manyu* vient de la racine *man*, « penser ». Le *manyu* d'Ahura Mazdâ est la manifestation de sa puissance

---

1. « Un avis sur vieil-avestique *mainiiu-* », *Münchener Studien zur Sprachwissenschaft*, 51, 1990, pp. 97-123.

mentale décisoire et ordonnatrice, visible dans le feu. Le *manyu* des hommes, qualifié de « premier », car il constitue un acte de pensée décisif, se manifeste par l'avis qui revient à dire qu'Ahura Mazdâ seul est responsable de la cosmogonie. Si Ahura Mazdâ est responsable de la cosmogonie, alors le rituel à choisir, les dieux à évacuer et la conduite à suivre dans le rite comme dans la vie sont clairs. L'homme qui prend la décision de prononcer cet « avis » engage sa vie du côté des bonnes paroles, pensées et actions, du côté de la création d'Ahura Mazdâ, de la bonne vie ici-bas et dans l'au-delà.

L'avis premier du mazdéen consisterait à peu près en cet énoncé, que ne donnent pas les textes mais qu'ils impliquent : Ahura Mazdâ, celui qui est caractérisé par l'être, a façonné les mazdéens que nous sommes, avec notre être corporel, notre conscience religieuse, nos sens et notre intelligence ; il a donné un corps osseux au mouvement de vie ; il est le père de l'Ordre cosmique ; il a établi le chemin du soleil et des étoiles, il a retenu la terre en bas et les nues de tomber, il a fixé les eaux et les plantes, les divisions du jour ; il a instauré la loi rituelle ; il est la seule garantie active et puissante contre les mauvais dieux, le mensonge, la mort...

Cet avis premier laisse à l'état d'allusions — qui devaient être limpides pour les anciens mazdéens, mais qui restent fort obscures pour nous — ce qu'il en est de la mort et du mal, représentés par le Désordre mensonger, et associés aux *daiva* « mauvais dieux, démons », auxquels certains hommes rendent culte. Avec la mort, le mal et les démons, il y a des puissances à l'œuvre contre la création d'Ahura Mazdâ, il y a même un chef des sectateurs du Désordre mensonger, mais en parler clairement reviendrait, dans l'idée des mazdéens anciens, à les fortifier. Le style allusif du texte vieil-avestique à l'égard des puissances mauvaises rend en effet difficile la description du dualisme mazdéen antique.

Le *Yasna* aux sept chapitres, texte vieil-avestique en prose, traite de façon un peu obscure de la cosmologie mazdéenne. Dès le début, ce texte est consacré à la triade conceptuelle qui forme le fond de l'anthropologie mazdéenne. Le mazdéen sait qu'Ahura Mazdâ a mis le monde en ordre grâce à ses bonnes pensées, paroles et actions. À son tour, l'homme doit diriger sa conduite selon ces principes. Ceux qui récitent le *Yasna* aux sept chapitres proclament d'entame qu'ils mettent en œuvre cette triade comme cadre du sacrifice qu'ils offrent à Ahura Mazdâ (Y.35.2) [1] :

« Nous sommes les louangeurs de ce qui est et a été bien pensé, bien dit, bien accompli, ici et ailleurs.
Étant donné notre mise en place du rite, nous ne sommes pas de ceux qui dénigrent les bonnes pensées, les bonnes paroles, les bons actes. »

La suite du texte fait comprendre que la bonne pensée, la bonne parole, le bon acte dans le rite donnent l'emprise sur le dieu. L'emprise constitue le charme exercé par les hommes sur les dieux et qui permet d'obtenir ce qu'ils leur demandent : la paix pour les troupeaux, la santé et l'immortalité, c'est-à-dire la vie dans l'au-delà. Les hommes ne sont pas passifs, mais ils agissent dans le rite, et dans la mesure où ils agissent selon pensées, paroles et actions bonnes, selon le désir des dieux et en connaissance de cause, ils attendent des dieux la réciprocité. Si le chemin fait par les hommes est de rendre culte selon les règles, celui des dieux, à leur encontre, est d'assurer l'accomplissement des souhaits qu'on leur adresse.

Au milieu de cette triade, les mots et les paroles ont un statut particulier. Ainsi, les chantres disent au verset 9 (Y.35.9) :

« Ces mots, ces paroles, ô Ahura Mazdâ, nous les proclamons par intérêt pour une meilleure compréhension de l'Ordre cosmique.

---

1. Les textes sont cités d'après : J. Kellens et E. Pirart, *Textes vieil-avestiques*, vol. I, Reichert, 1988 ; J. Kellens, *Zoroastre et l'Avesta ancien*, Peeters, 1991 ; H. Humbach, *The Gâthâs of Zarathushtra*, Part I, K. Winter, 1991.

Nous considérons que tu es pour nous le lanceur et le propulseur de ces mots et de ces paroles. »

Cela nous met au cœur du problème : Ahura Mazdâ est le lanceur des mots et des paroles ; les hommes les ont captés et les lui renvoient. En effet, le texte précise plus loin (Y.38.4) :

« Énonçant les noms qu'Ahura Mazdâ vous *(déesses des eaux)* a donnés quand il fait en sorte que vous rendiez les choses bonnes, par ces noms nous vous rendons culte, par eux nous vous choyons, par eux nous vous rendons hommage, par eux nous vous apportons vigueur. »

Les noms des personnages divins — ici les déesses des eaux — qui ont été inventés par Ahura Mazdâ et qui sont répétés par les hommes renforcent la vigueur de leurs propriétaires. C'est une caractéristique du culte iranien que les hommes renforcent les dieux et augmentent leur immortalité par le culte — aussi incompréhensible que ce soit pour nous. La prononciation rituelle des noms divins donne vigueur aux invisibles qui les portent et assure le succès optimal du rite, l'accès aux demandes que les hommes formulent envers les dieux. Mais elle doit être extrêmement précise, parfaite. Servant le feu, voici ce qu'il fallait lui dire (Y.36, 3) :

« Tu es certes le feu d'Ahura Mazdâ, tu es certes son agent de pensée très bénéfique ; par ces noms de "feu" et d'"agent de pensée" ou par le nom de "très convoyeur" parmi tes noms, ô feu d'Ahura Mazdâ, nous te servons. »

Le feu du rite concentre sur lui une grande densité de spéculation, dans laquelle il n'est pas simple de voir clair ; il est le fils d'Ahura Mazdâ et s'identifie à l'entité principale du mazdéisme antique : l'Ordre cosmique *(arta)*, qui pour sa part porte le titre de *ahura* « maître », ce qui indique une personnification divine. Ahura Mazdâ dispose du ciel comme corps et du feu comme bouche : le feu convoie ses créations linguistiques, il les fait crépiter à l'oreille des hommes. Le feu d'Ahura Mazdâ ne trompe pas les hommes, mais leur dit la vérité sous la forme du nom des choses. Les hommes captent et répètent ces noms. Voici (Y.37.3) ceux qu'il fallait prononcer pour Ahura Mazdâ :

« Nous rendons culte à Ahura, en étant ses adorateurs, l'appelant par son nom de "Mazdâ" (l'Attentif), de "Chéri", de "Très bénéfique" ; nous lui rendons culte avec nos os et nos animations ; nous lui rendons culte avec nos âmes de partisans de l'Ordre cosmique, hommes et femmes. »

Les bons mazdéens captent les paroles créées par Ahura Mazdâ en écoutant le feu : le feu convoie et les mots du dieu et les paroles des hommes. *A contrario*, les non-mazdéens ou les mauvais mazdéens se laissent abuser par les partisans des démons — les *daiva* — et par les sectateurs du Désordre mensonger (Y.31, 17-18), antithèse de l'Ordre cosmique et rituel :

« De deux choses l'une, est-ce le partisan de l'Ordre cosmique ou celui du Désordre mensonger qui a (?) la plus grande emprise rituelle ? Que le savant le dise au savant ! Que l'ignorant cesse d'induire en erreur ! Sois pour nous, ô Ahura Mazdâ, le propulseur de la divine pensée ! Quel nul d'entre vous ne continue à écouter les formules et les leçons du partisan du Désordre mensonger ! Si celui-ci plongeait la maison, le domaine, le territoire ou le pays dans la mauvaise habitation et la désolation, coupez de votre couteau ses formules et ses leçons ! »

La suite du texte montre que Zarathustra sert, du côté des hommes, d'intermédiaire entre les hommes et le feu, comme le feu, du côté du divin, sert d'intermédiaire entre les dieux et les hommes. Ainsi (Y.31, 19) :

« ... vous écoutez les formules et les leçons de *(Zarathustra)* celui qui a compris l'Ordre cosmique, le guérisseur de l'existence, le savant qui dispose à volonté de sa langue pour l'énoncé correct des paroles, qui entend et connaît les formules d'Ahura

Mazdâ par l'intermédiaire du feu rougeoyant du culte, et grâce à son intelligence supérieure. »

Zarathustra est donc un prophète au sens étymologique. Mais dans la prophétie mazdéenne, le statut du langage est différent du cas des prophètes de l'Ancien Testament ou de Muhammad. Ces derniers, face aux hommes à qui ils s'adressent et ayant Dieu derrière eux, parlent au nom de Dieu, tandis que Zarathustra, face à Ahura Mazdâ à qui il s'adresse, se tenant devant le feu dans l'acte même du sacrifice, parle au nom de la communauté humaine qui l'entoure et qu'il représente.

Zarathustra capte les actes divins dans le langage, c'est-à-dire les noms, tels que les fait crépiter le feu, excellent convoyeur des créations linguistiques d'Ahura Mazdâ. Zarathustra les capte par son intelligence supérieure, il arrange ces données, les dispose selon l'ordre souverain de sa langue poétique et de son intelligence et les renvoie. Zarathustra, interprète des signes, poète, prophète, acteur premier et principal du rituel mazdéen de la parole, invente les formules et le corpus sacré. Tout se passe comme si le divin Ahura Mazdâ constituait les noms, les mots, le lexique — ce que les mazdéens pensaient être le plan fondamental du langage — et l'homme Zarathustra sa réalisation hymnique, poétique, musicale, rituelle et savante — en termes linguistiques, la syntaxe, la rhétorique, la prosodie, etc.

Le langage n'est pas la propriété du divin, il se partage entre les dieux et les hommes, aux uns la condition et la naissance absolue, aux autres la réalisation, la parole dans le fil du temps — car l'homme est dans le temps, Ahura Mazdâ hors du temps.

Voyons comment cette théorie du langage inspira la création du cunéiforme vieux-perse. Mais auparavant, il faut envisager les transformations de l'histoire, car il s'est passé quelques siècles entre la période de composition des textes vieil-avestiques (Xe siècle avant notre ère ?) et la période achéménide (VIe-IVe siècles avant notre ère), quelques siècles où les Iraniens se sont déplacés dans l'espace et ont peut-être créé de nouveaux rapports sociaux — sans que l'on puisse en dire davantage, car de ces quatre siècles obscurs nous ne savons rien.

Au cours de la période achéménide, le roi remplit la fonction d'intermédiaire entre les hommes et les dieux ; il est le sacrifiant par excellence, le commanditaire du sacrifice. Il semble aussi que le roi ait connu les textes sacrés et était agi par la parole, renvoyant les noms créés par Ahura Mazdâ, captés et mis en formules par Zarathustra. Un certain nombre de représentations le montrent seul devant le feu, sans mage — les mages étaient les prêtres du culte mazdéen. Là où, en matière de connaissance religieuse, les *Gâthâs* mettaient en relation rituelle et linguistique le feu et Zarathustra, les reliefs achéménides montrent le roi perse et le feu. À la période achéménide, au moins sous Darius Ier et Xerxès, Zarathustra est réactualisé par le roi.

Dans leurs textes vieux-perses, Darius et ses successeurs commencent par donner leur avis premier, dont nous avons vu qu'il fondait la croyance mazdéenne et consistait en l'affirmation que c'est Ahura Mazdâ qui est responsable de la cosmogonie. La plupart des textes commencent ainsi :

« Ahura Mazdâ est le Grand Dieu, qui a établi ce ciel-là, qui a établi cette terre-ci, qui a établi l'homme, qui a donné le bonheur dans l'au-delà à l'homme qui lui sacrifie, qui a fait Darius roi. »

Puis, à la phrase suivante, le roi se tourne vers les hommes et leur explique qui il est et quelle est l'étendue de son empire :

« Je suis Darius *(par exemple)* le grand roi, le roi des rois, le roi des peuples aux nombreuses tribus, le roi sur cette grande terre qui s'étend au loin, le fils de Vishtâspa, l'Achéménide, Perse fils de Perse, Aryen de souche aryenne. »

Après l'avis premier fondant le caractère absolu du mazdéisme et la légitimité mazdéenne du souverain, puis les titres du roi, tous les textes sont rythmés par la prise de parole du

151

roi : « Le roi X explique. » Il explique qu'il a conquis tous les pays et qu'il régit un empire identique à la terre habitée, que les hommes qui lui sont soumis lui portent tribut, qu'il a fait composer ce texte, construire ce palais, que ses actes s'inscrivent dans la bonne pensée, la bonne parole et le bon acte. Sa parole, faisant lien entre le visible et l'invisible, offre d'abord à Ahura Mazdâ l'avis premier qu'il exige, puis tournée vers les hommes instaure de l'ordre parmi eux et énonce la loi du roi : ordre de rendre culte à Ahura Mazdâ et non pas aux mauvais dieux, de verser tribut, de construire, de garder les troupeaux, de payer les ouvriers, d'offrir un cadeau aux femmes qui ont accouché — tout s'ensuit, même si peu de ce complet état des choses est raconté dans les inscriptions royales.

Le formulaire achéménide, constitué sous Darius dans les dernières années du VIe siècle avant notre ère, fut repris par les premiers rois sassanides au IIIe siècle de notre ère et écrit dans la langue de l'époque, le moyen perse, graphié en écriture pehlevi. La langue a changé, le système graphique s'est entièrement modifié, mais le statut symbolique de la parole royale n'a pas varié. De fait, jusqu'à la fin de l'autonomie politique et religieuse de l'Iran mazdéen, il ne variera pas. Dans le *Dênkart* (III, 58), encyclopédie mazdéenne du IXe siècle de notre ère et écrite alors que l'Iran s'islamise, se trouve « l'avis fondamental » des textes gâthiques et achéménides :

> « Le fondement de la religion mazdéenne est la déclaration fondamentale, parole fondatrice portant sur la soumission à Ahura Mazdâ, déclarant la création primordiale d'Ahura Mazdâ. »

Comme dans le texte vieil-avestique, le prototype linguistique des noms et des formules est créé par Ahura Mazdâ. Un passage du *Bundahishn* (chap. 1), texte du IXe siècle de notre ère, montre à la fois la permanence globale des représentations (l'*ahuvar* dont il est question est la prière la plus sainte du mazdéisme, celle qui prélude à la création première comme à

la lutte contre les puissances du mal) et l'imprégnation de philosophie grecque :

« Ahura Mazdâ tira de la forme sans commencement la lumière
sans commencement.
De la forme sans commencement, il créa l'*ahuvar*. »

Dans ces mêmes textes mazdéens tardifs s'exprime l'idée que
le roi est au centre de l'échange de paroles, au point de contact
entre l'invisible et le visible, devant le feu du sacrifice *(Dênkart,*
chap. 195 à 202). Il s'agit de chapitres qui condensent des
conseils donnés aux hommes par divers personnages sacrés du
mazdéisme : Zarathustra, le savant Aturpat-e Maraspandân et
enfin le roi des rois, Khosrô Anushirvân, roi historique du
VIIᵉ siècle devenu figure philosophique. Voilà ce que le roi
donne comme conseil aux mazdéens :

« Unir sa pensée, par-delà le canal de sa propre nature, à la plus
haute nature du monde visible et tangible qui est le roi suprême
conforme à la religion mazdéenne. »

Après cette présentation rapide de la théorie du langage dans
le mazdéisme archaïque, puis dans le mazdéisme historique, il
convient de retourner à l'écriture pour observer quels liens
conceptuels unissent la théorie mazdéenne du langage et le système graphique.
Le cunéiforme vieux-perse, la première écriture connue de
l'Iran antique, est inventé au début de l'Empire perse, entre
550 et 520 avant notre ère. Nous avons vu qu'elle comprend
trois signes vocaliques, vingt-deux signes consonantiques à *a*
inhérent qui peuvent se lire soit comme la consonne seule, soit
comme la syllabe formée de cette consonne avec un *a*, onze
signes dont la voyelle inhérente est soit *i*, soit *u*, un signe séparateur de mots et cinq logogrammes : Ahura Mazdâ, le titre de
dieu, le titre de roi, la terre et le pays. Cette écriture a surtout
servi à noter les textes royaux, grandes inscriptions monumentales situées aux points centraux de l'Iran achéménide.

153

Le lecteur qui lisait du vieux perse — dans l'Antiquité, ils furent sans doute peu nombreux — reconnaissait les logogrammes et identifiait d'un seul coup d'œil les signes qui incarnent les grands concepts du monde achéménide : d'abord les êtres divins, Ahura Mazdâ et le titre de dieu, puis les inanimés créés par Ahura Mazdâ et régis par le roi : la terre et le pays, enfin le roi lui-même, non pas représenté par son nom propre mais par son titre, car la fonction prime la personne. Les logogrammes donnent à voir un pan de la cosmologie et de l'idéologie royale : au ciel Ahura Mazdâ et les autres dieux, en bas la terre identique à l'Empire avec ses éléments que sont les pays et leurs populations, entre les deux le roi, l'unique, faisant lien, reproduisant par sa domination sur les pays celle d'Ahura Mazdâ, identifié au ciel, sur la terre. Cette simple et puissante représentation du monde, qui inspira tous les textes achéménides, s'incarna donc dans les signes : ordre du monde et ordre des signes furent pour les Achéménides une seule et même chose.

Mais ces logogrammes figurent aussi quels étaient les noms créés par Ahura Mazdâ. En premier lieu se donne le nom propre du grand dieu. Alors que les autres logogrammes réfèrent à des noms communs, le logogramme divin représente un nom propre : origine du langage en son principe de nomination, Ahura Mazdâ s'est nommé lui-même. Dans l'écriture vieux-perse, les émissions linguistiques divines enrôlent le titre de dieu — on se souvient que dans le *Yasna* aux sept chapitres Ahura Mazdâ nommait les déesses des eaux — et des concepts politiques : terre, pays, roi. Le logogramme se caractérisant par un bloc graphique, indécomposable et inanalysable, les émissions linguistiques d'Ahura Mazdâ, qui sont aussi les piliers de la cosmologie, de la légitimité et de la politique achéménides, échappent donc à la décomposition phonétique de l'écriture vieux-perse. Elles se situent hors de toute division, et, ce qui était essentiel pour les mazdéens — car le monde réel résultait pour eux du mélange de la bonne et de la mauvaise création — hors de tout mélange et hors du temps.

Parallèlement, ces graphies font apparaître que l'écriture restitue la situation rituelle où le sacrifiant, le feu et le dieu se font face. De fait, si Zarathustra entendait les paroles divines par le feu et les glissait grâce à son intelligence supérieure dans ses formules religieuses et poétiques, Darius au fond ne fit rien d'autre, qui piégea ces mêmes signes surnaturels du langage et les fixa, hors d'atteinte, dans l'immobilité logographique. Nous tenons là une des plus frappantes actualisations pratiques de ce que nous avons vu en l'Élam : dans l'écriture, les dieux sont présents, car l'écriture rend visible le langage, comme le langage rend actuel l'inactuel.

Le lecteur doit ensuite placer à bon escient la voyelle *a* bref des signes à *a* inhérent, s'appuyant sur sa connaissance de la langue : lire *adam* « je » et non *adama* ou *adm*, *daiva* « mauvais dieu » et non *diva*, *barantiy* « ils portent » et non *brantiy*, *barntiy*, *brantiya*, *brantaiy*, etc. (d'autres mauvaises lectures sont encore possibles). En lisant, il met en œuvre la force mentale appelée *manyu*, cet « agent de pensée », cette décision à l'origine de l'« avis » qu'il prononce, qui lui permet de s'engager du bon côté de la vie. L'écriture nécessite donc un choix entre la consonne et la syllabe, semblable au choix que font les maz-déens entre les dieux et les démons. Lire revient à choisir. Bien choisir, émettre la bonne lecture, c'est dire le bon avis cosmolo-gique, c'est être mazdéen : le texte incarne la situation du choix rituel.

Dans le mazdéisme, le monde et l'histoire sont constitués par le mélange de la bonne création d'Ahura Mazdâ avec la mau-vaise. Les mauvais dieux, les *daiva*, se sont dès le départ trompés de camp, ils ont mal choisi, optant, sans le savoir d'ailleurs, pour le Désordre mensonger. Dès lors, ils exigèrent des hommes de mauvais rites et leur donnèrent de mauvais conseils. Chaque homme pendant sa vie doit discriminer la création d'Ahura Mazdâ de la création démoniaque, le vrai du faux, le bien du mal, l'allié de l'ennemi. Il lui faut choisir, dans la confusion du monde, le bon côté afin d'aller au paradis — ce qu'il peut faire sans angoisse, s'il suit les enseignements de Zarathustra.

Il en est de même avec l'écriture vieux-perse. Mettre la voyelle *a* bref dans un environnement vocalique peut être péril-leux, puisque la séquence *da* + *i* peut se lire *daï* et *di*. Mais les signes à *i* et *u* inhérents : *m^i*, *d^i*, *j^i*, *v^i*, *k^u*, *r^u*, *g^u*, *m^u*, *n^u*, *d^u*, *t^u* empêchent les lectures mauvaises, fautives, voire démoniaques puisqu'ils contraignent aux lectures en diphtongue dans les séquences C^a + *i/u* (signe à *a* inhérent suivi des signes autonomes *i* ou *u*).

Dans la mesure où la lecture du *a* bref inhérent reproduit la situation du choix rituel et l'énoncé du bon avis cosmologique, les signes à *i* et *u* inhérents montrent qu'il pourrait exister un mauvais avis cosmologique : ils sont là pour en empêcher l'actualisation. Ces signes ont pour fonction d'empêcher le lecteur d'écorcher les noms royaux ou certains titres et, par là même, de dire les enseignements des partisans du Désordre mensonger, comme on l'a vu plus haut dans *Yasna* 31, 17-18. Dans le cas de ces graphies, lire, c'est répéter l'élimination préalable du mauvais avis cosmologique, élimination opérée par Zarathustra devant le feu, puis par le roi dans l'écriture.

Par ailleurs, le texte des inscriptions royales est scandé par une phrase césure, toujours la même : « Le roi X déclare », où apparaît le nom propre du roi signataire et qui introduit une nouvelle articulation du récit ou du discours. Le lecteur lit donc très exactement ce que déclare le roi. Or le texte répète à l'envi la puissance cosmologique d'Ahura Mazdâ et sa conservation par le roi.

En mettant en œuvre dans sa lecture des signes son *manyu*, son « agent de pensée », le lecteur perse mazdéen énonce le bon avis cosmologique, montre son choix en faveur d'Ahura Mazdâ. En lisant les logogrammes, il capte les signes divins, en lisant les diphtongues ou les voyelles à bon escient, il ne nomme pas les démons, mais choisit le côté de la bonne création et s'approche du paradis. En lisant le texte, il opère le tri du rite, répète l'enseignement du prophète, les explications et les ordres du roi. Il s'unit à la parole royale, incarnée dans le texte, pour accéder aux dieux. Dans le monde comme dans la lecture, l'action du mazdéen consiste à se mettre derrière son roi, car le roi le garde de tout mal. La situation du rite sous l'autorité royale se projette telle quelle dans le graphisme : le texte, c'est le monde, confus et difficile, mais l'écriture est la clef qui l'ordonne, qui permet au mazdéen de s'y retrouver, de faire sens.

Le cadre de pensée qui a présidé à l'invention du cunéiforme vieux-perse est constitué par la religion mazdéenne, son dualisme cosmologique, sa spéculation sur le rite et sa théorie du langage, enfin par la place du roi achéménide dans le rite, la religion et la politique.

Rite et écriture sont donc connexes ; de fait, reconnaître, capter, répéter, éliminer, se garder de l'erreur sont les réquisits techniques et mentaux du rituel, avant d'être ceux de la lecture du vieux perse. Écrire et lire en vieux perse ont été pensés, au moment de l'invention de l'écriture, comme des actes rituels, car le sacrifice rendu à Ahura Mazdâ représentait l'action humaine par excellence.

Les réquisits techniques et mentaux du rite sont très proches de ceux de l'écriture. Accomplir le rite suppose de la part du sujet de s'inscrire dans une structure englobante et profondément signifiante qui le domine, qu'il comprend plus ou moins, mais où il trouve les réponses fondamentales à sa condition d'homme. Lire du cunéiforme vieux-perse nécessite la même inscription de la part du lecteur.

A-t-on affaire ici à une spécificité perse, ou faudra-t-il envisager de façon plus générale les rapports entre l'écriture et le rite ?

Dès Cyrus et encore davantage sous Darius Ier et ses successeurs, les inscriptions royales furent rédigées en trois langues : le vieux perse, l'élamite et l'akkadien, à quoi s'ajoutait parfois l'araméen. Le contenu de ces textes ne varie guère selon les langues — au contraire de Kutik Inshushnak à Suse. L'administration persépolitaine fut tenue sous Darius Ier et Xerxès en élamite. Des milliers de tablettes : fiches de paie, données comptables de stocks, viatiques pour les envoyés royaux, permis de prélèvement sur les silos et les troupeaux de l'État, montrent le fonctionnement de l'économie royale autour de Persépolis et dans ses prolongements provinciaux. Il y a quelque chance pour que ces tablettes écrites en langue et en cunéiforme élamites aient référé à des échanges en langue perse ; on disait du perse dans la situation de transaction administrative et on écrivait de l'élamite ; plus tard, on disposait d'un texte élamite et, à la lecture, on devait traduire en langue perse.

Par ailleurs, pour l'essentiel, les textes destinés à l'étranger, les documents diplomatiques (ainsi qu'en témoigne le livre d'Esther de la Bible), mais aussi les documents internes, les archives royales — qui ont, hélas ! disparu — étaient rédigés en araméen. Pensés, conçus, voire dictés en langue perse, la plupart des textes émanant du pouvoir central achéménide étaient écrits en élamite ou en araméen, parfois en grec, et lus en perse.

Pourquoi ? Parce que les Achéménides avaient pris du retard dans le mouvement de l'histoire graphique en choisissant de noter leur langue en cunéiforme. Ce dernier, nécessitant des matériaux lourds et encombrants comme la pierre et le métal, fragiles comme l'argile, se trouvait déjà supplanté par l'araméen dans l'Empire néo-assyrien (XIVe-VIIe siècles avant notre ère) qui précéda les Empires mède puis perse, car l'araméen s'écrivait en cursive sur matériaux légers et transportables (papyrus, cuir, tessons). Mais il y a peut-être une autre raison.

Dans les textes monumentaux où le roi énonce les fondements de sa légitimité, il écrit en trois ou quatre langues, dont la sienne, tandis que les textes de l'administration et de la pratique du pouvoir étaient rédigés dans diverses langues, jamais en langue perse. En d'autres termes, quelle que soit la langue écrite par le roi, ce n'est pas la langue qui compte, mais la parole royale, agissant comme réplique de la loi d'Ahura Mazdâ et comme mise en ordre du monde des hommes au moyen de cette loi — car la loi d'Ahura Mazdâ n'était pas seulement une loi rituelle, elle concernait la totalité des affaires du monde, prises dans la lutte des mazdéens contre la mauvaise création.

Les Perses se sont méfiés du principe de la division du son. S'il leur a permis la mise au point du cunéiforme vieux-perse, outil graphique commode comportant un petit nombre de signes, ils ne le portèrent pas à son terme, alors qu'ils connaissaient bien l'alphabet grec. La présence des cinq logogrammes hautement symboliques montre qu'ils ont préféré conserver de l'immanence dans l'expression graphique. L'histoire de l'écriture en Iran après les Achéménides manifeste la continuité de cette méfiance. Et sans entrer dans le détail, l'on peut dire que, sous la dynastie des Sassanides (224-650 de notre ère), le système graphique utilisé, l'écriture pehlevie, présente d'extraordinaires particularités.

Cette écriture servit à noter la langue vivante, celle du roi entre autres, le moyen perse, à l'aide de l'alphabet araméen, perpétuant par là les usages de la chancellerie achéménide. Dans l'écriture pehlevie, les voyelles sont mal notées, comme il est normal avec l'emprunt d'une écriture consonantique, et les logogrammes ont été multipliés. Ces logogrammes ne sont pas des signes purs, inanalysables et indécomposables comme les logogrammes du vieux perse, mais des mots araméens traduisant des mots perses, ce qui prolonge l'étrange pratique achéménide de l'indifférenciation de la langue au profit de la parole royale. Le mot *šâh* « roi », par exemple, n'était pas écrit *š-â-h*, ce qui n'aurait pas constitué de difficulté puisque les signes *š*, *â* et *h* existaient, mais MLK, *malek*, « roi » en araméen ; la préposition *abar* « sur » n'était pas écrite alphabétiquement, ce qui eût été possible, mais elle était représentée par son équivalent araméen KDM. Le plus étrange est que les verbes, qui formaient l'armature de la phrase, ne fussent pas écrits phonétiquement, mais en hétérographie araméenne ; par exemple pour « boire, manger », l'on écrivait l'araméen OŠTEN et non le moyen perse *xwardan* — et à la lecture on lisait *xwardan*. Comment se fait-il qu'une écriture aussi diabolique ait servi pendant plus de mille ans, soit du IIe siècle avant notre ère au IXe de notre ère ? Suffit-il d'arguer de l'importance des mages et des savants qui, seuls à savoir écrire, voulaient conserver leur pouvoir ?

Mais il y a plus. À une date mal connue, peut-être au VIe siècle de notre ère, fut inventée l'écriture avestique, qui combinait les signes de l'alphabet araméen déjà utilisés en pehlevi et les acquis de l'alphabet grec. Cette écriture ne contenait aucun logogramme et aucun signe syllabique ; elle comptait par contre seize signes vocaliques — dont six sortes de *a* — et trente-sept signes consonantiques, dont plusieurs dentales sourdes *t*. L'écriture avestique est un sur-alphabet : une écriture plutôt phonétique que phonologique. De fait, tous ses signes ne représentent pas les phonèmes d'une langue vivante, mais les sons d'une langue morte, anciens phonèmes transformés par l'élocution liturgique conservée par la tradition orale. Une écriture alphabétique maniaque quant à la minutie graphique du détail de l'élocution, notant une langue morte.

Telle fut la situation graphique de l'Iran vers le VIe siècle de notre ère : l'écriture pehlevie pleine d'énigmes à déchiffrer pour la langue vivante et l'alphabet avestique précis pour la langue morte de la liturgie. Pour faire bref, on peut dire que les rois sassanides n'ont pas voulu d'une véritable écriture alphabétique pour les usages de la vie — alors qu'il y avait parmi les Perses des lettrés qui savaient le grec. Les traits propres à l'alphabet complet : notation du son dans le corps du sujet, captation de la parole intérieure, désymbolisation graphique, n'ont pas convenu à l'univers mental mazdéen où le grand dieu était l'origine du langage comme le maître du temps et l'auteur du monde, et le roi son représentant, son interlocuteur dans le rite et son porte-parole parmi les hommes.

Les mazdéens ont donc réservé l'alphabet complet à la langue morte — et cela nous apprend quelque chose sur l'alphabet. Si proche de la fixation de la parole et de la fuite du temps, ne montre-t-il pas l'irrémédiable ? De fait, nous aurons l'occasion de voir que l'histoire de l'alphabet complet n'est pas une histoire linéaire, celle d'un progrès technique qui s'impose sans échec ni régression. Iraniens et Juifs ne cédèrent point à la réduction alphabétique et les Athéniens de 403 avant notre ère s'en méfièrent. Sans parler de nos extraordinaires pratiques orthographiques (par exemple : tend, tan, taon, temps, tant, pour une seule forme phonétique) qui nécessitent une lecture quasi logographique.

La théorie du langage qui s'exprime dans les textes vieil-avestiques et qui date du temps où les Iraniens ne disposaient pas de l'écriture — pour autant qu'on puisse le savoir — est articulée au contenu central du mazdéisme, la mise en ordre du monde par Ahura Mazdâ, comme à l'anthropologie et aux fondements de la politique du monde iranien ancien. Elle constitua pour les savants au service des premiers Achéménides le moule dans lequel ils inventèrent le cunéiforme vieux-perse.

Donnant à voir la cosmologie, montrant le roi entre les hommes et les dieux, l'écriture figura le rite qui permet aux hommes de s'assurer de leurs choix et du sens de leurs actes. Le texte était devenu le monde.

4.

L'écriture
et quelques questions juives et grecques

> « Quand j'interroge, la réponse me vient des pas-
> sages du texte, qui reprennent vie par ma ques-
> tion, tandis que le lecteur sans question glisse à
> fleur de texte. Mais ces réponses n'ont de réalité
> que pour autant que je puis justifier ce que j'en-
> tends dans le "sens intentionnel" du texte. Lors-
> qu'un tel sens ne répond pas dans le texte des
> morts, ils demeurent muets. »
>
> Karl Jaspers[1].

L'écriture vieux-perse nous a offert un terrain d'expérimentation particulièrement fructueux, celui d'une écriture inventée
ad hoc pour une langue qui ne pose pas de problème philologi-
que majeur, dans un contexte politique à peu près connu, sur
la base d'une civilisation orale qui s'est attachée à statuer du
langage entre les hommes et les dieux, et selon l'ordre dualiste
de la pensée — ordre plus simple qu'un panthéisme ou qu'un
monisme. L'hypothèse selon laquelle les systèmes graphiques
sont durables parce qu'ils entérinent une théorie du langage
comme médium entre le visible et l'invisible nous a permis
d'entrevoir le rapport de l'écriture avec le rite et la cosmologie.

1. Karl Jaspers, *Les Grands Philosophes*, vol. 1, Socrate, Bouddha, Confu-
cius, Jésus, Agora, 1990, p. 66. Cette citation suit immédiatement celle de
la page 95.

Une investigation des domaines grec et juif selon cette perspective s'imposerait donc, mais la complexité de l'entreprise nous amène à n'étudier que certains aspects de l'histoire graphique des Juifs et des Grecs, sans pénétrer au cœur de leurs systèmes respectifs. Nous ne verrons donc pas ici comment l'écriture, qui rendit visible et objectivable l'activité mentale humaine — car elle représente les premiers pas de la connaissance de la connaissance —, qui établit une sorte d'équivalence entre l'échange de mots et celui de choses, entre les biens et les paroles, qui brisa l'immanence du consensus signifiant et imposa de redéfinir l'homme : comment l'écriture devint le moule dans lequel l'homme coula sa pensée du monde et de lui-même.

La théorie du langage des premiers inventeurs des alphabets consonantiques nous est à jamais celée. Si nous ne pouvons connaître comment les Hébreux formulèrent la leur au IIe millénaire avant notre ère, nous pouvons néanmoins restituer — ici à très grands traits — celle que les Judéens, retour d'exil, mirent en œuvre au cours des diverses étapes de la fixation du corpus sacré et de l'histoire. Cette théorie du langage constitue sans doute le cadre de pensée qui a permis le trait le plus fascinant de l'histoire graphique juive, le fait que l'hébreu, langue de l'Antiquité, langue morte dans l'Antiquité, est redevenue une langue vivante au XXe siècle. Il s'agit éminemment d'histoire de l'écriture : sans graphie de l'hébreu antique, pas de renaissance possible. Mais cette interprétation triviale contraint à une question qui ne l'est pas et que nous allons tenter d'aborder : l'écriture consonantique, avec ses particularités, a-t-elle joué un rôle dans la reviviscence de la langue ?
Celle-ci est généralement expliquée par l'histoire et la politique : la formation de l'État d'Israël en 1948, à partir d'une population venue d'horizons variés, aurait nécessité un lien linguistique oral et écrit, et un lien affectif avec la tradition commune. L'hébreu a donc été réimplanté par l'État d'Israël, en même temps que des lois, des écoles et un service militaire obligatoire. J'éprouve ici, et pour les mêmes raisons qu'avec

Kutik Inshushnak, de la réticence à ne retenir que l'explication politique, car une volonté politique dans la langue déborde les justifications d'immédiate commodité ou de tradition qu'elle avance, elle déborde même la politique.

La question devrait se formuler autrement : comment se peut-il qu'une langue perde sa mort ?

La civilisation juive est davantage que toutes les autres une civilisation de l'écriture. Elle a symboliquement exploité les caractères de l'alphabet hébraïque consonantique. Ainsi la syllabe virtuelle a-t-elle permis une symbolisation particulière de la parole, tandis que la tendance logographique rendait visible la transcendance de Dieu et que le signe alphabétique fournissait un terrain d'expérimentation dans la connaissance. Telles sont peut-être les conditions qui ont ouvert la voie pour une renaissance de l'hébreu.

L'hébreu archaïque est peu connu : attesté dans le calendrier de Gezer (Xᵉ siècle avant notre ère) qui énumère les mois de l'année et les travaux agricoles, il apparaît aussi dans les plus anciennes parties de la Bible, le Chant de Déborah par exemple, et dans des textes poétiques que l'on a rapprochés de certains écrits d'Ougarit. L'hébreu classique représente la langue vivante entre le VIIIᵉ et le VIᵉ siècle, celle des prophètes Osée, Amos, Isaïe, Jérémie, avant l'exil en Babylonie. De l'exil, il reste les textes d'Ezéchiel, ainsi que le magnifique poème des Lamentations. La littérature historique : *Josué, Juges, Samuel, Rois*, ouvrages mis en relation avec le *Deutéronome*, dernier livre du Pentateuque, se constitua pendant cette période. Mais la rédaction définitive du Pentateuque doit leur être postérieure. Parallèlement au corpus biblique, l'on dispose également d'un petit nombre de documents archéologiques écrits en hébreu, qui l'illustrent davantage : des inscriptions tombales, des lettres, des *ostraca* (tessons de poterie servant de support à l'écriture).

Dès la période de l'exil, l'hébreu perd du terrain. En effet, le peuple resté aux alentours de Jérusalem fut de plus en plus en contact avec les populations du nord et du nord-est, qui parlaient araméen. Les Judéens en exil parlèrent en Babylonie plusieurs autres langues, surtout l'araméen, médium diplomatique des Empires néo-assyrien puis perse. De retour à Jérusalem après 539, quand Cyrus le Grand le leur autorisa, l'hébreu n'était plus leur langue vernaculaire, comme le dit Néhémie (13, 24) :

« Quant à leurs enfants *(ceux des Juifs en exil)* la moitié parlait l'ashdodien ou la langue de tel ou tel peuple, mais ne savait plus parler le juif. »

Un grand nombre de livres composés et écrits en hébreu, puis inclus dans le canon biblique, ont été rédigés après l'exil : ainsi les livres des prophètes de la restauration, *Aggée, Zacharie, Malachie*, surtout *Esdras* et *Néhémie, Esther*, les *Chroniques* et sans doute aussi *Jonas*, les *Psaumes* et les *Proverbes*.

En conséquence des conquêtes d'Alexandre et de la domination gréco-macédonienne, le grec devint la langue de culture et l'araméen la langue populaire, situation à laquelle l'Empire romain ne changea rien. L'hébreu était la langue du corpus sacré, langue littéraire et religieuse, inconnue de la plupart des Juifs, mais un hébreu en proie à une évolution tant interne qu'externe, à cause de l'influence araméenne. Les documents de Qumran, du IIe siècle avant notre ère jusqu'au Ier siècle de notre ère, montrent une situation linguistique complexe. Un quart des livres de la communauté sont des livres canoniques ; un autre quart, des livres non canoniques, des « pseudépigraphes » ; le reste consiste en des livres de règles propres à la communauté. Une large part de ces textes sont en hébreu classique, mais aussi en araméen et quelques-uns en grec.

La *Mishnah*, écrite dans un hébreu particulier à partir du IIe siècle, constitue une compilation de commentaires oraux sur les règles et les coutumes contenues dans la *Torah*, qui, d'après la représentation mythique juive de la parole, remontaient à Moïse lui-même et dont la préoccupation essentielle était l'application de la loi écrite, les aménagements nécessaires au *Lévitique*, par exemple. L'hébreu était-il encore une langue vivante,

ou seulement une langue de sages et de lettrés ? Les contemporains savaient très bien que la langue écrite des lettrés n'était
pas la langue de la *Torah*. Si l'hébreu était encore parlé au
moment de la révolte de Bar Kossiba contre l'empereur romain
Hadrien, entre 132 et 135 de notre ère, des documents plus
tardifs, des IVᵉ et Vᵉ siècles, laissent apparaître que c'est désormais une langue de lettrés et de sages. Comme le latin dans la
chrétienté médiévale, l'hébreu devint la langue des échanges
entre les juifs de la diaspora.

Qu'est-ce qu'une langue morte ? Ce n'est pas une langue qui
n'évolue plus : le latin et l'hébreu ne cessèrent d'évoluer comme
langues de savants, de théologiens, de juristes, de poètes et de
maîtres d'école. Une langue est morte quand plus aucun bébé
au monde ne l'entend dès (avant) sa naissance. Ce que comprit
Eliezer ben Yehouda, père de l'hébreu moderne, dont la langue
maternelle était le yiddish et qui avait étudié dans une école
talmudique pour devenir rabbin. Arrivé en Palestine en 1881,
il décida de ne plus parler et écrire une autre langue que l'hébreu ; son fils aîné, né en 1883, n'entendit que l'hébreu. Il vaut
la peine de citer ici quelques lignes de ses mémoires :

> « La mère de l'enfant était de nature fragile (...). Malgré tout cela
> elle accepta de son plein gré de ne pas embaucher de servante, afin
> que les oreilles de l'enfant n'entendent aucun son, aucun mot en
> une autre langue que la langue hébraïque. (...) Aux premiers pas
> de l'expérience, (...) nous voulions entourer le langage de l'enfant
> de clôtures successives, d'une muraille puis d'une autre muraille,
> afin d'éviter à son oreille toute contamination par un son étran-
> ger. La sainte âme (...) accepta avec amour les peines de l'éduca-
> tion d'un enfant sans la moindre aide, malgré son état de faiblesse,
> voire d'épuisement (...) jusqu'à ce que nous eûmes le privilège
> d'entendre les premières syllabes de mots hébreux prononcés par
> la bouche de l'enfant [1]. »

1. E. ben Yehouda, *Le Rêve traversé*. L'autobiographie du père de l'hébreu
en Israël, préface et édition G. Haddad, Seribe, 1988, pp. 114-115. Il vaut
la peine aussi de savoir que la mère de l'enfant mourut très vite. Je remercie
M. Masson de m'avoir indiqué ce livre.

Les écrits archaïques, ou pré-exiliques, *ostraca*, sceaux-scarabées, inscriptions sur pierre, tombes, stèles, montrent une écriture fine, très proche du phénicien, suivant un *ductus* souple. Cette écriture est encore reconnaissable sur les monnaies jusqu'aux environs de 100 avant notre ère. Mais dès la fin du Iᵉʳ millénaire avant notre ère, la *Torah* est écrite avec l'écriture carrée, dérivée de l'araméenne, ainsi nommée parce que tous les signes doivent s'inscrire dans une forme quadrangulaire.

Aucune graphie ancienne, archaïque ou carrée, ne notait les voyelles. Le lecteur y saisissait les mots, ajoutait les voyelles et mentalement syllabisait. Ce fut là un des aspects exploités par la tradition juive ultérieure — mais dont l'origine est antique — que cet acte de lecture où le lecteur prête voix au texte. Il semblait réactualiser, grâce à l'écriture, le statut de la parole le plus ancien de l'histoire juive : quand Moïse, après avoir vu le buisson ardent, reçoit l'ordre de Yahvé — celui dont le nom veut dire « Je suis » — de faire sortir le peuple d'Égypte et de lui parler en ces termes (*Exode* 3, 15) :

> « Voilà ce que tu diras aux Israélites : "Je suis" m'a envoyé vers vous... » Dieu dit encore à Moïse : « Tu parleras ainsi aux Israélites : "Yahvé, le Dieu de vos pères, (...) m'a envoyé vers vous. C'est mon nom pour toujours, c'est ainsi que l'on m'évoquera de génération en génération." »

Puis, dans la suite de l'histoire, qu'il s'agisse de Nathan face à David, d'Élie face à Achab, d'Amos, d'Osée, du second Isaïe, de Michée jusqu'à Jérémie et Ezéchiel, tous les prophètes furent présentés comme la voix de Yahvé, son messager et porte-parole, celui *par qui* Yahvé parle. Voici Nathan face à David (II *Samuel*, 12, 7-14) :

> « Ainsi parle Yahvé, le Dieu d'Israël : "Je t'ai oint comme roi d'Israël, je t'ai sauvé de la main de Saül. (...) Je vais de ta propre maison, faire surgir contre toi le malheur." »

Et, au nom de Yahvé, Nathan admoneste David pour ses histoires de femmes. Puis David reconnaît son péché et Nathan cesse de parler en prophète pour parler en juge :

> « De son côté, Yahvé pardonne ta faute et tu ne mourras pas. Seulement parce que tu as outragé Yahvé, l'enfant qui t'est né mourra. »

La tradition juive a exploité le syllabisme virtuel de son écriture en voyant une analogie entre la parole du prophète et l'activité du lecteur, lisant le texte par excellence, le texte sacré. Ajoutant au texte des voyelles et du souffle, il paraissait devenir celui qui prêtait à Dieu son organe phonatoire et en qui se renouvelait la présence divine. Le son vocalique de la parole, identique au souffle de vie, était d'origine divine, ainsi que le montre *Genèse* 2, 7 :

> « Alors Yahvé modela l'homme avec la glaise du sol, il insuffla dans ses narines une haleine de vie et l'homme devint un être vivant. »

Le souffle des voyelles n'était donc pas écrit. Au contraire, la matrice sonore, c'est-à-dire le signe consonantique, permettait, dans son indifférenciation vocalique, de montrer la filiation mythique qui remontait du présent actuel à l'origine, du lecteur à Moïse, de Moïse à Adam et à Yahvé. Ainsi se rejouait métaphoriquement, dans l'écriture, la théorie et de l'origine du langage et de la transmission de la parole depuis l'origine.

À la fin du Ier millénaire, furent inventées les *matres lectionis* « les mères de lecture », dont nous avons déjà parlé. Ce procédé de notation vocalique, que l'on appelle la *scriptio plena*, l' « écriture pleine », représenta malgré ses insuffisances un pas vers la notation des voyelles. Il a été pratiqué par les Esséniens de Qumran qui se distinguèrent donc par l'usage de trois langues et la tentation alphabétique. De fait, à la période hellénistique, comme le montrent la version des Septante et des documents provenant de Qumran, les textes hébraïques de la *Torah* posaient des problèmes de compréhension dus à l'alphabet consonantique, à l'étrangeté grandissante de la langue et à l'évolution des mentalités : les scribes procédaient donc à des adjonctions et des corrections graphiques, qui étaient autant d'interprétations.

Il y eut plusieurs essais autres que la *scriptio plena* pour noter les voyelles ; seul le système occidental dit de Tibériade eut quelque succès, car, inventé vers le IV⁰ siècle de notre ère et généralisé dans le monde juif, il est à la base de la Bible massorétique, ou plus exactement de la version massorétique de la Bible. Les Massorètes, rabbins et savants des VI⁰-VIII⁰ siècles, fixèrent la teneur du canon, incluant ou excluant certains passages ; par la notation des voyelles, ils firent disparaître l'ambiguïté et n'autorisèrent plus qu'une seule lecture réelle. Si les voyelles ne disposaient pas de signes autonomes, mais de signes diacritiques au-dessus et en dessous des consonnes (points, crochets de petite taille), l'écriture ressemblait quand même à un alphabet complet.

Ainsi fixé, le texte massorétique est vocalisé, sauf un mot, le tétragramme divin, le nom de Dieu noté YHWH. S'il est aujourd'hui phonétisé en « Yahvé », à partir de ses notations antiques en grec, il n'était pas lu ainsi dans l'Antiquité juive post-exilique, il n'était pas prononcé comme il était écrit, mais sous les formes « Adonaï » ou *ha šem* « le nom », par exemple. Ce signe était lu comme un logogramme — comme les Mésopotamiens pouvaient lire le signe de la « tête » ⟨𒊕⟩ soit *sag* en sumérien, soit *rešu* en akkadien ; le sens restait le même, les actualisations linguistiques et phonétiques différaient. On ne lisait pas des lettres séparées, référant à des sons, puis combinées entre elles, on reconnaissait un signe.

Le nom de Dieu était écrit de façon consonantique dans un environnement quasi alphabétique et lu comme un logogramme ; de plus, ce logogramme ne ressemblait à rien de reconnaissable comme les hiéroglyphes égyptiens ou les anciens signes mésopotamiens. La situation est assez extraordinaire.

Après ce que nous avons vu sur l'origine de la transmission

de la parole, la comparaison s'impose entre le tétragramme et le signe de Dieu apparaissant à Moïse au Sinaï *(Exode* 3, 1-6) : Moïse voit un buisson « embrasé » qui « ne se consumait pas » ; il fait un détour pour mieux voir, mais Dieu l'appelle du centre du buisson et Moïse se voile la face. Le buisson ardent comme signe de Dieu ressemble à une glose dont le modèle serait le tétragramme : un buisson qui brûle et ne brûle pas ; un signe alphabétique qui note du son et ne note pas du son ; un logo-gramme qui dit sa propre nomination, mais qu'on ne répète pas. Moïse se voile les yeux : il est interdit de regard. De fait, comme Moïse, le lecteur du tétragramme ne devait pas lire le nom de Dieu, ni selon les voyelles, ni selon ses consonnes, ni selon son portrait. Et l'on voit que « ne pas lire » traduisait, dans la pauvre substance de l'écriture, l'étrangeté de la transcen-dance divine.

L'écriture massorétique de la *Torah* suscite deux remarques. Puisque presque tout est noté, le lecteur ne prête pas sa voix, son organe phonatoire au texte, il ne rejoue pas le rôle de relais de la parole divine. En outre, elle note une langue morte, comme l'avestique en Iran sassanide. Alphabet complet et lan-gue morte semblent avoir destins liés.

Mais la nature profonde du système consonantique ne fut pas pour autant oubliée. Elle se maintint dans les deux *Talmud,* celui de Palestine et celui de Babylone. Les *Talmud,* commen-taires de la loi écrite, firent suite à la *Mishnah* et, écrits dans deux dialectes araméens différents (occidental et oriental), constituèrent des compilations d'enseignements différents, par-fois contradictoires, visant toujours à expliquer la loi, à multi-plier les exemples pour rendre possible et actuelle l'application de la loi mosaïque ancienne, vague, générale et née dans un milieu différent. Il s'agit souvent de récits pris sur le vif de la quotidienneté, extraordinairement pédagogiques, parfois poéti-ques et métaphysiques. Ce n'est pas du tout un hasard si pour les rabbins mishniques et talmudiques la parole des hommes vivants vivifiait la lettre de la *Torah* car, dans la graphie de la loi orale, *Mishnah* et *Talmud,* le lecteur agit selon la logique propre à l'alphabet consonantique : il lit en prêtant au texte son souffle — il « lit en prophète » —, car les voyelles ne sont point notées. D'une double façon, le lecteur du *Talmud* réactualisait le statut du langage de la civilisation juive ; d'une part, en ne lisant que des lois secondaires, des applications et des interprétations et en pratiquant une sorte d'exégèse indirecte de la *Torah* écrite, il se référait à l'origine du langage que cette dernière exprime ; d'autre part, lisant la loi orale *(Mishnah, Talmud)*, il se replaçait lui-même à l'intérieur de la transmission mythique de la parole originelle.

Le caractère alphabétique des signes a fourni un vaste terrain d'expérimentation dans la connaissance. Aux environs de 300 avant notre ère, les lettres de l'alphabet avaient une valeur numérale : l'*aleph* valait 1, le *beit* 2, le *gimel* 3, etc., jusqu'au *taw* qui valait 400 ; ces valeurs permirent l'éclosion de diverses spéculations antiques. Mais la science des lettres la plus accomplie, la *Guématria*, fleurit au Moyen Âge. Elle consistait à calculer la valeur d'un nom propre en attribuant sa valeur numérale à chaque lettre et en procédant à des additions ou des soustractions. On rapprochait alors la valeur obtenue soit de la lettre qui la représentait, soit d'un autre mot ayant la même valeur, toutes opérations ayant pour but de trouver le sens caché et fondamental du mot, son cœur sémantique.

Prenons l'un des exemples donnés par M.A. Ouaknin et D. Rotnemer[1], dans un livre sur les prénoms bibliques, récent mais qui n'invente rien malgré son orientation idéologique. Pour comprendre le sens fondamental caché, le cœur sémantique, du mot hébreu *šem*, écrit *šm*, « le nom », les auteurs attribuent à chaque lettre sa valeur numérale : 300 à *š*, 40 à *m*, font la soustraction, obtiennent 260, cherchent un autre mot ayant la valeur 260, trouvent le mot hébreu *sar* « qui signifie le détournement, l'écart, la révolte » (pour les auteurs) — en fait, la racine hébraïque SWR « quitter la route, se détourner ». Ils

---

1. M.A. Ouaknin et D. Rotnemer, *Le Grand Livre des prénoms bibliques et hébraïques*, Albin Michel, 1993, pp. 26 *sq.*

appliquent alors la règle traditionnelle de première occurrence, qui consiste à voir dans la première occurrence biblique d'un mot son orientation sémantique fondamentale et analysent la première apparition de cette racine, *Exode* 3.3, dans la vision du buisson ardent :

> « Et Moïse dit : "Je vais me détourner et voir cette grande vision, pourquoi le buisson ne brûle pas." »

Les auteurs en déduisent que le cœur sémantique du mot *sar* est « une aptitude à la rencontre, et cette rencontre est Révélation », et que celui-ci révèle, grâce aux équivalences numérales, le cœur sémantique du mot *šem* « le nom », qui apparaît comme « la capacité d'ouverture à l'événement ». Pour montrer qu'il est de la plus haute importance de bien nommer un enfant, ils se sont tournés vers le mythe premier de la transmission de la parole chez les Juifs de l'Antiquité, celui que relate le livre de l'*Exode*.

Si le caractère alphabétique de l'écriture hébraïque a été exploité comme terrain de connaissance, s'il l'a été sur la base des principes alphabétiques que sont l'autonomie et la combinaison des signes, la perspective est cependant restée celle du rattachement à l'origine divine du langage. Le mouvement est ici parallèle à celui de la lecture du *Talmud* écrit en syllabes virtuelles ; là on redonne du souffle à la langue, ici on constitue la *Torah* comme lexique absolu.

La civilisation juive se déploya dans l'écriture depuis l'Antiquité, pendant le Moyen Âge et jusqu'aux XVIIIᵉ-XIXᵉ siècles. Les Juifs de la diaspora parlaient dans la vie quotidienne une langue vernaculaire, le yiddish, le judéo-espagnol, le judéo-arabe, le judéo-persan en Iran, etc., et, au fur et à mesure de la formation du monde moderne, les langues occidentales. Ils continuèrent parallèlement de recevoir une éducation religieuse savante — leur éducation dans le texte sacré commençait parfois à trois ans — et lisaient le *Talmud* ; certains d'entre eux avaient accès à la *Torah*. Mais tous, lettrés et illettrés, savaient la même chose : que Yahvé est aux Juifs comme les Juifs sont à Yahvé.

Sachant que l'hébreu moderne d'Israël, celui des écoles, des lois et des journaux, s'écrit en alphabet consonantique, sans voyelles ni signes diacritiques, il me semble que l'on peut donc comprendre sa reviviscence en termes strictement graphiques, comme la disparition de la notation quasi alphabétique de l'hébreu des Massorètes.

La reviviscence de l'hébreu comme langue du babil enfantin a rendu obsolètes, a rejeté hors de l'histoire et l'étape alphabétique des Massorètes qui typifiait la mort de la langue et l'étape talmudique qui représentait tous les exils des Juifs et ne donnait qu'un souffle oblique à la langue mère, l'hébreu de la *Torah*. Rendue possible par les caractères de l'écriture consonantique et par la théorie hébraïque du langage, largement fondée sur l'écriture, elle a comme horizon la réactivation du langage absolu, du mythe du mythe : l'origine divine du langage est visible dans la transmission de parole, à partir de la révélation de Yahvé à Moïse, la dictée de la loi et l'Alliance sont là, immanentes. Dans l'écriture comme dans le langage, il n'y a pas d'histoire.

Athènes, en 403 avant notre ère, sous l'archontat d'Euclide, se remet de l'horreur. Déjà vaincue par Sparte, menacée de disparition par la Ligue péloponnésienne, la cité humiliée n'a plus d'empire, qui finançait la démocratie. La guerre civile la ravage. Puis la paix revient et l'amnistie entre les partis ennemis s'instaure. C'est alors que les Athéniens changent d'alphabet. Mais revenons un peu en arrière.

Athènes avait connu en 404 l'horrible tyrannie oligarchique des Trente, qui, installés avec la complicité de Sparte, placèrent dans les institutions publiques leurs gens — dont les Dix au Pirée, particulièrement violents —, qui massacrèrent la population mâle d'Éleusis, éliminèrent d'Athènes tous ceux qui pouvaient organiser une résistance démocratique et réduisirent le corps civique à trois mille citoyens. La majorité du peuple citoyen se trouva ainsi privée de toute protection légale et mise hors la loi. Les gens s'enfuirent d'Athènes, s'exilant où ils pouvaient, les plus pauvres à Phylè, puis au proche Pirée où le peuple savait qu'il n'avait rien à gagner avec les oligarques.

Dès l'automne, la guerre s'installa entre les Trente et les démocrates menés par Thrasybule, qui gagnèrent les batailles malgré leur infériorité numérique, jusqu'à la dernière à l'été 403 à Munichie. Écoutons E. Will : « Une amnistie fut proclamée, dont étaient exclus les survivants des Trente et des Dix du Pirée. (...). Les gens du Pirée regagnèrent Athènes après le départ des Péloponnésiens. Après un sacrifice solennel sur l'Acropole, Thrasybule exhorta la cité à la concorde et les institutions démocratiques furent remises en place. Une page était tournée dont les dernières lignes avaient été sanglantes [1]. »

La réconciliation civique consista d'abord en un interdit de revenir sur le passé proche de la guerre civile (Aristote, *Constitution des Athéniens* 39, 6) :

> « Nul n'aura le droit de reprocher le passé à personne, sauf aux Trente, aux Dix, aux Onze [2] et aux anciens gouverneurs du Pirée, ni même à ceux-ci après leur reddition de comptes. »

L'on s'entendit sur une plate-forme : un gouvernement intérimaire fut élu comprenant vingt hommes pour veiller sur la cité jusqu'à ce qu'un code de lois fût établi. Ce nouvel ordre civique était résolument conforme à la Constitution des ancêtres, impliquant que les Athéniens usent des lois, des poids et des mesures de Solon et des ordonnances de Dracon. Une commission de nomothètes — « législateurs » — fut élue qui colligea les textes ; à partir de cette date, les lois formèrent un corpus codifié de dispositions précises, bien différent de l'ensemble peu cohérent qu'elles avaient constitué jusqu'alors. L'écriture eut dès lors un rôle de gardien du social. Une loi de

---

1. E. Will, *Le Monde grec et l'Orient*, vol. I, P.U.F., 1972, p. 399.
2. Les Onze étaient en charge des prisons.

402 établit que les magistrats ne devaient dans aucun cas user d'une loi non écrite, qu'aucun décret (oral), qu'il fût du Conseil ou de l'Assemblée du Peuple, ne pouvait avoir davantage d'autorité qu'une loi. Comme l'écrit M. Ostwald : « Un nouvel ordre social et politique fut élaboré qui maintint les institutions propres à la démocratie athénienne tout en subordonnant le principe de la souveraineté populaire au principe de la souveraineté de la loi[1]. »

Il ne laisse pas de surprendre que dans pareille atmosphère légaliste, valorisant l'écriture des lois et en particulier des lois ancestrales, l'alphabet utilisé et officialisé par la cité exclue le *h* aspiré de la graphie, alors que l'aspiration restait bien vivante dans la langue. Le fait ne me paraît pas relever des « inévitables ambiguïtés résiduelles » comme Eric Havelock nommait les imperfections de l'alphabet grec[2]. Après tout, si l'on tient à fonder un ordre social nouveau sur les lois, il faut que l'écriture évite les ambiguïtés ; si, de plus, on réfère beaucoup aux ancêtres, l'attention à la langue devrait être grande, car la langue est autant ce que les ancêtres ont laissé à leurs descendants que des lois. Le *h* aspiré faisait bel et bien partie de l'héritage dialectal athénien venu de Dracon, Solon, Clisthène, Éphialte, Périclès, etc., et la question se pose, inévitable quoique nouvelle : quel est le lien entre l'écriture des lois athéniennes lors de la restauration démocratique et la disparition de la graphie du *h* aspiré, bien attesté dans la langue parlée à Athènes ?

Avant d'entrer dans les détails, voyons deux faits : d'une part, ce que signifia le choix de la graphie de l'*êta* contre celle du *h*, d'autre part ce que représentait le *h* aspiré pour les Grecs, qui l'appelaient *pneûma* « le souffle ».

Si en 403 avant notre ère, à Athènes, l'aspirée perd la graphie, le *ê* ouvert *(êta)* et l'*ô* long *(oméga)* la gagnent. Jusque-là, ces deux voyelles n'étaient pas différenciées dans l'écriture de leurs

1. M. Ostwald, *From Popular Sovereignty to the Sovereignty of the Law. Society and Politics in Fifth Century Athens*, Los Angeles, 1986, p. 497.

2. E. Havelock, *Aux origines de la civilisation écrite en Occident*, La Découverte, 1981, pp. 67-70.

voyelles connexes : respectivement *é* fermé *(épsilon)* et *o* court *(omicron)*. Entre la graphie de l'aspirée et celle du *ê*, les Athéniens choisirent la voyelle. Il n'y avait à cela aucune fatalité ; de fait, quand on adopta à Tarente l'alphabet ionien, à la suite d'Athènes et de tout le monde grec, l'on nota le *ê* ouvert avec *êta* sans perdre l'aspirée : l'on tronqua le signe H de sa partie postérieure et l'on eut dès lors deux signes à partir du H : l'un pour le *ê* ouvert (H) et l'autre pour le *h* aspiré (⊦). Si les Athéniens ne réalisèrent pas une opération aussi simple que celle effectuée par les citoyens de Tarente dont la production intellectuelle est loin d'être bouleversante, c'est qu'ils avaient des raisons.

Leur choix en faveur de la graphie des voyelles ressemble à un recommencement de l'invention de l'écriture grecque, qui se distingua de son modèle phénicien consonantique par la notation des voyelles. Date cruciale, donc, que l'année 403 à Athènes, où l'on réinvente l'écriture pour la fixation des lois de la cité, où l'on semble revivre l'origine.

Avant d'envisager ce que représentait le *h* aspiré appelé *pneûma* par les Grecs, il nous faut voir ce qu'est l'aspiration du point de vue articulatoire. Le son *h* aspiré (terme inadéquat, on devrait dire *h* « expiré ») se produit par le libre écoulement de l'air à travers la glotte ; l'appareil phonatoire est donc ouvert, non pas bloqué comme pour une occlusive, ni quasi fermé comme pour une fricative. En phonétique préscientifique, cette ouverture devait classer le *h* parmi les voyelles, mais au contraire des voyelles qui nécessitent les grimaces faciales que fait Monsieur Jourdain pour les prononcer (*i* avec la bouche étirée, *o* avec les lèvres arrondies), pour l'aspiration le visage ne bouge pas, le son venu de la glotte ne rebondit pas dans les résonateurs (bouche et pharynx) et reste sans timbre — comme pour une consonne. En bref, le *h* ressemble au son expiré pur, allant de la soufflerie pulmonaire du sujet vers le vaste monde ; il figure la matrice de la parole.

Rien de surprenant donc à ce que les philologues grecs alexandrins du IIIe siècle avant notre ère l'aient appelé *pneûma*

« souffle, esprit », et par suite « esprit dur ». Un texte pseudo-aristotélicien *(De audibilibus* 804 b 10) [1] discrimine ainsi les consonnes occlusives sourdes simples *aphôna psila (p, t, k)* et les consonnes occlusives sourdes aspirées *aphôna daséa (ph, th, kh)* : les secondes se différencient des premières par l'émission du souffle *(pneûma).* Ce qui signifie que l'occlusive bilabiale sourde aspirée, graphiée par la lettre *phi,* était analysée comme égale à *p + h,* l'occlusive bilabiale sourde simple comme égale à *p.* Les grammairiens alexandrins et l'Aristote du *De audibilibus* avaient observé l'articulation de l'aspiration et de l'occlusion. Ainsi donc, quand les Grecs doivent donner un nom à un son et/ou à une lettre, en livrer le caractère par un symbole, ils ne le font pas en se fondant sur la forme du signe ou sur un nom quelconque dont la première articulation serait le son de ce signe, mais en analysant la production de ce son dans le corps du sujet.

Le fait que ce soit des grammairiens alexandrins et non des Athéniens du Vᵉ siècle qui ont baptisé le son et le signe *h* « *pneûma* » ne change rien à l'interprétation de ce *pneûma,* car les Grecs n'avaient pas d'autre solution ; l'aspiration, d'un point de vue articulatoire, est du souffle et en grec « souffle » se disait *pneûma.*

Le mot grec *pneûma,* avant de devenir un concept linguistique, disposait d'une intéressante variété de sens : « air de la respiration, haleine » pour Empédocle, le corpus hippocratique et dans l'usage courant, « souffle de vie » chez Eschyle *(Les Perses,* 507) :

« Heureux qui le premier perd le souffle de vie. »

tandis que *pneûma* n'est qu'un courant d'air pour Sophocle (fragment 13) :

« L'homme n'est que souffle et ombre. »

1. A. Schmitt, « Der Buchstabe H im Griechischen », *Orbis Antiquus,* 6, 1952, pp. 3-51.

Deux textes, l'un de Démocrite, l'autre de Sophocle, ont une orientation sémantique différente. Chez Démocrite (B 18) le *pneûma*, sacré, semble circuler verticalement, du divin vers l'homme qu'un dieu inspire :

« Ce qu'un poète écrit sous le coup du transport divin et du souffle sacré est tout à fait beau. »

Avec Sophocle au contraire *(Œdipe à Colone, 607-613)*, il est d'entre les hommes, horizontal. On ne résiste pas à la beauté de ce passage — c'est Œdipe qui parle à Thésée :

« Ô très cher fils d'Égée, aux dieux seuls n'adviennent ni la vieillesse ni la mort ; tout le reste subit le temps tout-puissant. La force de la terre s'épuise, comme celle du corps. La confiance se meurt, le soupçon grandit et ce n'est plus le même souffle *(pneûma)* qui toujours va entre les hommes en relation d'amitié, non plus que d'une cité à une autre. »

Il s'agit là d'autre chose que de l'air pulmonaire : les hommes en relation d'amitié sont les citoyens et le *pneûma* réfère au souffle, à l'esprit qui règne dans leurs relations, comme dans les relations entre cités. Sophocle écrivit cette tragédie peu avant sa mort, survenue en 405 ; *Œdipe à Colone*, qui fut représentée en 401, constitue un hymne à Athènes tout autant qu'une malédiction à l'encontre des ennemis de la cité. Le soupçon, le souffle de la discorde n'y figurent pas une métaphore poétique, car il s'agit de la guerre toute proche. Entre 405 et 401 avant notre ère à Athènes, on a compris *pneûma* comme signifiant « l'esprit dans les relations entre citoyens et entre cités ».

Ces divers sens de *pneûma* : la condition de la vie sous la forme du souffle vital, le souffle de l'inspiration venu d'en haut, l'esprit dans les relations entre citoyens et cités, toute cette richesse de désignation n'explique pourtant pas la raison de la disparition graphique de l'*h* aspiré.

Il est difficile d'aller plus loin à partir de ces seuls éléments[1]. Pour nourrir la réflexion, il nous faut recourir à Aristote. *La Constitution des Athéniens* (paragraphes 39-40) relate les événements de 403 et restitue quelque peu l'atmosphère athénienne. Quoique postérieur, ce texte, au besoin complété par d'autres sources, éclaire par sa précision les faits de civilisation recherchés : ce que signifiaient la parole et l'écriture pour les acteurs de l'histoire.

Après avoir résumé l'accord entre les partis démocratique et oligarchique, qui autorisait l'émigration à Éleusis de citoyens favorables aux oligarques, affirmait que le sanctuaire d'Éleusis était commun aux deux partis, fondait l'amnistie entre citoyens et prévoyait le remboursement de l'argent emprunté aux Spartiates par les Trente pour la guerre, le Stagirite continue (40, 1) :

> « Les conditions de l'accord étant telles, ceux qui avaient combattu du côté des Trente étaient effrayés ; beaucoup souhaitaient émigrer, mais remettaient leur inscription aux derniers jours (ce que l'on fait d'ordinaire). Archinos, ayant remarqué leur nombre, voulut les retenir et supprima les derniers jours du délai d'inscription *(tês apographês)* ; et ainsi, bien des gens furent forcés de rester, malgré eux, jusqu'à ce qu'ils fussent rassurés. »

Archinos, homme politique influent à Athènes, retint les inquiets par une manœuvre d'écriture : la suppression des derniers jours du délai d'inscription qui permettait d'émigrer. Il tricha sur la date prévue dans le texte dans le but de retenir à Athènes ses citoyens, toutes tendances politiques confondues. Il utilisa frauduleusement l'écriture pour conserver l'intégrité du corps civique.

Continuons avec Aristote (40, 2) :

---

1. Les hypothèses exprimées ici sont sujettes à caution, car je sais que toute recherche sur la signification collective inconsciente d'un signe est une aventure risquée.

« En ceci Archinos semble avoir agi en bon citoyen, et aussi ensuite quand il attaqua pour illégalité *(grapsaménos paranomôn)* le décret de Thrasybule où celui-ci donnait le droit de cité à tous les gens rentrés avec lui du Pirée, dont certains étaient bien connus pour être des esclaves. »

Thrasybule tenta donc, au début de la restauration démocratique, de faire passer un décret consistant à conférer la citoyenneté à tous les gens revenus du Pirée avec le peuple, parmi lesquels il y avait des esclaves et des étrangers, dont l'orateur Lysias. Archinos, démocrate plus modéré, attaqua ce décret comme illégal, non seulement à cause de son contenu, mais aussi (ce que l'on apprend par d'autres sources qu'Aristote) parce qu'il n'avait pas été préalablement examiné par le Conseil. Archinos l'emporta et le rejet du décret très démocratique de Thrasybule ne mit pas les gens dans la rue : il avait donc bénéficié du soutien d'une fraction notable des démocrates. Un autre projet concernant la citoyenneté fut plus tard refusé, celui de Théozotidès, qui proposait qu'on la limite aux riches. En bref, l'on en revint aux statuts de Périclès : pour être citoyen d'Athènes, il fallait naître de père et de mère citoyens d'Athènes.

Tenons-nous-en à l'affaire entre Thrasybule et Archinos. L'écriture y joue le premier rôle, car le procès intenté par Archinos porte de nom de *graphê paranomôn* « action en justice du point de vue de la défense des lois, accusation d'illégalité », pour traduire de façon explicite (Aristote emploie le participe *grapsaménos paranomôn*). Dans la Constitution athénienne, tout citoyen pouvait intenter une accusation d'illégalité à l'endroit d'un projet ou d'un décret qu'il pensait contraire aux lois de la cité. Or, si le mot grec *graphê* veut certes dire « action en justice (pour le droit public) », son sens premier n'est rien d'autre qu'« écriture ». En prenant ce sens de base, il faut comprendre *graphê paranomôn* « écriture (accusant un décret) du point de vue des lois ».

Utilisant l'écriture une seconde fois pour sauver la cité, Archinos empêcha le décret de Thrasybule et aida au maintien de l'ancien droit d'accès à la citoyenneté, celui de la Constitution des ancêtres. Déjà garante de l'intégrité du corps social, l'écriture l'est ici du respect des pratiques politiques et de la continuité civique.

Aristote continue *(Constitution des Athéniens,* 40, 2) :

> « *(Archinos semble avoir agi en bon citoyen...)* une troisième fois, alors que l'un de ceux qui étaient rentrés *(du Pirée)* commençait à exprimer du ressentiment, en l'arrêtant, en le menant devant le Conseil et en décidant celui-ci à le mettre à mort sans jugement ; Archinos disait que c'était à ce moment qu'il fallait montrer si l'on voulait conserver la démocratie et respecter les serments : relâcher cet homme, c'était encourager les autres à agir de même ; l'exécuter, c'était un exemple pour tous. C'est ce qui arriva : quand il eut été mis à mort, personne n'exprima plus de ressentiment sur le passé. »

L'amnistie et le serment qui l'accompagnait nécessitèrent donc qu'un citoyen qui rappelait le passé de la guerre civile, dont il avait très certainement souffert, perdît la vie, le souffle vital — même si le mot de *pneûma* n'apparaît pas dans le texte. Sa mort servit à privilégier l'oubli et à conserver dans le silence la cohésion du corps social athénien. Aucune allusion à l'écriture ici — le mort n'a même pas laissé son nom : ce qui est condamné tient de la parole individuelle en contradiction avec le serment public.

Aristote poursuit (*Constitution des Athéniens,* 40, 3-4) :

> « D'ailleurs les Athéniens, en particulier et en corps, semblent avoir adopté la conduite la plus belle et la plus civique à propos des malheurs précédents. Non seulement ils effacèrent les accusations portant sur le passé, mais ils rendirent en commun aux Lacédémoniens l'argent que les Trente avaient emprunté pour la guerre, alors que les conventions ordonnaient aux deux partis, celui de la ville et celui du Pirée, de payer leurs dettes séparément ; car les Athéniens jugèrent que c'était par là qu'il fallait commencer à pratiquer l'union. Dans les autres villes, le parti démocratique, quand il est vainqueur, bien loin de contribuer

de son propre argent, va jusqu'à faire un nouveau partage des terres. Les Athéniens conclurent encore un accord avec les gens d'Éleusis la troisième année qui suivit l'émigration, sous l'archontat de Xénainétos. »

En payant aux Lacédémoniens leurs dettes collectivement et non selon leurs divisions politiques, comme c'était prévu, les Athéniens désobéirent à leur propre convention, mais cela n'entraîna la mort de personne. Le manquement collectif à l'écrit n'eut pas d'importance, si le manquement personnel au serment oral fut puni de mort.

Nous ne pouvons nous étendre ici sur le lien entre l'écriture alphabétique et la monnaie frappée dans la Grèce ancienne, sur lequel les travaux de F. Lenormant et B. Jurdant[1] ont jeté de fascinantes lueurs. Retenons néanmoins que si l'écriture, jusqu'au passage contre le décret de Thrasybule (paragraphe 40, 2, début), a été la garante de l'intégrité et de la composition du corps civique athénien, si la parole et la mémoire personnelles constituèrent ensuite (40, 2) une menace pour la démocratie restaurée, c'est soudain la monnaie (40, 3) qui prend le relais de l'écriture et rassemble les Athéniens dans le paiement libératoire d'une dette qu'ils assument collectivement. L'écriture et l'argent vont de pair non seulement dans les faits, mais dans l'esprit : Archinos tricha sur le délai d'inscription pour retenir certains citoyens dans la ville, la dette fut payée par tout le monde, contrairement à l'accord, et cela ne mit personne en danger de mort.

Les démocrates de 403 ne recommencèrent décidément pas les erreurs de la démocratie du temps de l'Empire, qui imposait ses idées, ses tributs et un nouveau partage des terres. Payant les dettes de leurs ennemis vaincus, les Trente, ils renoncèrent aux pratiques de l'Empire, sur fond de concurrence avec Sparte.

---

1. F. Lenormant, *Monnaies et médailles de l'Antiquité*, 1870 ? ; B. Jurdant, *Écriture, monnaie et connaissance*, thèse (non publiée) de doctorat ès Lettres, Strasbourg, 1984. Mon travail, « Invention de l'écriture, invention de la monnaie frappée », (à paraître) envisage la question de façon nouvelle.

Ils renoncèrent même à la domination sans fard sur Éleusis, trouvant un accord avec la petite cité — mais nous voici largement sortis de l'archontat d'Euclide.

Il est décidément beaucoup question d'écriture dans le texte d'Aristote. Voyons comment rapprocher les faits de l'histoire politique des faits d'alphabet et de l'histoire du langage. Les lois protègent la cité en son renouvellement fragile ; leur écriture maintient le corps civique : intégrité, continuité, définition. Si l'on veut bien se souvenir : i) que l'invention de l'écriture grecque signifia la graphie des voyelles, ii) que très tôt les Grecs écrivirent leurs lois, iii) qu'à Athènes en particulier la démocratie commença avec les lois écrites de Solon, exposées sur l'Agora, on peut penser qu'il y a une analogie entre la fixation des lois de la démocratie restaurée en 403 et la graphie de l'*êta* et de l'*oméga*. On pourrait l'exprimer ainsi : le peuple citoyen d'Athènes, une fois la démocratie restaurée, resta à peu près le même, sans grande émigration, sans afflux massif d'étrangers ou d'esclaves, tout comme la transformation de l'alphabet utilisé à Athènes ne toucha ni au principe alphabétique ni à l'essentiel des signes — la majorité des lettres étant communes aux deux écritures.

Mais l'expression par un individu de son ressentiment pour la souffrance éprouvée au cours de la guerre civile est punie de mort. Parallèlement, au moment où les démocrates athéniens modérés renoncent à l'Empire, dans l'écriture ils renoncent à noter ce qui faisait une des particularités du dialecte athénien, le *h* aspiré. Ici, il convient de rappeler, ainsi que P. Vidal-Naquet me l'a fait remarquer, que l'alphabet adopté par les Athéniens en 403 avant notre ère était l'alphabet ionien. Or, l'Ionie constituait la partie la plus importante de l'Empire athénien, peut-être la plus riche, la plus peuplée — celle qu'enviaient les rois perses. Athènes adopta donc l'écriture de ses anciens soumis. La volonté de paix extérieure des Athéniens en 403 a quelque chose de commun avec la mort sans jugement du citoyen qui n'a pas respecté la loi du silence et avec la suppression graphique du *h* aspiré.

L'écriture athénienne des lois après la guerre civile a signifié un effort immense, une volonté infinie de paix et de vie commune, une remise en ordre courageuse après une période d'horreur — atmosphère collective dont nous avons du mal à nous faire une idée. Elle a nécessité que le système graphique qui permit l'écriture des lois soit marqué de ce coin, porte en sa substance, dans le corps de ses lettres, ce qui était permis et ce qui était interdit, montrât dans ses signes que personne ne parlerait du mal que la cité lui avait fait et qu'Athènes s'engageait à ne plus dominer de sa langue l'ensemble des Grecs.

L'interdit de la parole individuelle et le renoncement à l'Empire dans la langue sont symbolisés dans l'exclusion du *h* aspiré de la graphie : l'écriture des lois repoussa en 403 avant notre ère et l'individu et l'Empire hors du champ de la démocratie nouvelle.

Mais cette restauration ne toucha ni au sanctuaire d'Éleusis, où citoyens de pleins droits et esclaves étaient initiés au même titre, ni à la monnaie frappée, qui divisait le corps civique lui-même en riches et en pauvres.

Nous touchons ici un fait de civilisation profond : une volonté politique dans l'écriture déborde la politique, car elle concerne la mise en signes concrets de toute la vie commune, de l'ensemble des liens qui se font par le langage et hors de lui.

L'exclusion du *h* aspiré hors de l'écriture de l'ordre nouveau est une correction minime de la puissance alphabétique, mais une correction quand même. Elle montre qu'en 403 avant notre ère les démocrates modérés d'Athènes ne voulurent point de la logique et de la puissance alphabétiques jusqu'à leur terme. Au contraire, ils en limitèrent les effets. Car si cette splendide écriture leur permit de fonder un ordre dont la souveraineté de la loi fut la pierre angulaire, par le même mouvement elle le mettait en danger. Car l'alphabet complet note des non-sons, des positions de l'appareil phonatoire, de l'intention de parole : il dit en son graphisme strict l'appropriation du langage par l'individu.

Cette correction ne s'est pas faite dans le désert ou comme

un coup de tonnerre dans un ciel d'azur : dès avant 403, les Athéniens s'interrogeaient sur ce qu'il était en train d'arriver non seulement dans leur cité et dans la situation politique de celle-ci — l'Empire —, mais entre eux, dans leurs relations d'amitié citoyenne, dans leurs relations d'échange internes et externes. Le passage traduit plus haut d'*Œdipe à Colone* le montre : quelque chose troublait les consciences qui se dit au théâtre — lieu d'édification, école du peuple citoyen — « ce n'est plus le même souffle (de confiance, de vie politique) qui toujours va entre les citoyens » ; en d'autres termes, les Athéniens se dirent par la bouche de Sophocle et d'Œdipe qu'ils ne se parlaient plus de la même façon.

Cette correction, cette limitation mise à l'alphabet complet a été nécessaire parce que, pour les Grecs, l'échange ininterrompu était la figure du réel. Dans la nature, l'échange était pour eux le devenir qui se déroule comme à l'intérieur d'un cycle, où les éléments — eau, fer, air, terre — se transforment sans s'altérer. Échange entre les hommes et les dieux ; ils sont face à face dans l'échange de substantifs et d'adjectifs chez Héraclite[1] : *aθanatoi θnêtoi, θnêtoi aθanatoi* « Immortels mortels, mortels immortels ». Les dieux et les héros se parlent beaucoup dans Homère, surtout dans *L'Iliade* ; ils ont dès le début de la civilisation grecque le langage en partage — ce qui a permis le théâtre, immense cérémonie religieuse.

Échange encore entre les hommes, de biens, de coups, de paroles. Les Grecs inventèrent, sur la base des expériences des Mermnades de Sardes, la monnaie frappée, qui libère de la dette de parole, remet dans le flux du mouvement les stocks, les richesses volées, les tributs inégalitaires et porte au loin l'emblème des cités émettrices, le signe à quoi elles se reconnaissaient. Les hommes parlaient et se parlaient dans l'assemblée, gérant la cité archaïque des VIIIe et VIIe siècles, se passant de l'un à l'autre le sceptre qui autorisait la prise de

---

1. J. Pépin, *Idées grecques sur l'homme et sur Dieu*, Les Belles-Lettres, 1971, p. 34 *sqq.*

parole, qui matérialisait la parole politique. Celui qui détenait ce sceptre fort momentanément, l'ayant reçu d'un voisin et se préparant à le passer à un autre, parlait : et nul n'en était le propriétaire.

C'est dans cet échange ininterrompu que se fondèrent également la connaissance de soi et la connaissance de l'autre. Car le « Connais-toi toi-même » de Socrate et de Platon ne typifiait pas une introspection directe, mais, comme l'écrit J. Pépin, « une opération complexe qui inclut un détour par la connaissance d'autrui » et un ancrage dans le divin. De même que l'œil ne peut se voir lui-même que s'il se reflète, comme en un miroir, dans un autre œil, de même l'âme, pour se connaître elle-même, doit regarder une autre âme : c'est à peu près l'essentiel du *Premier Alcibiade* de Platon.

Ainsi les Grecs ne pouvaient-ils guère instituer une religion du livre, mais seulement instituer des dialogues : les dialogues de l'épopée et de la poésie, le dialogue qui forme le fond de leur littérature énigmatique — l'énigme du Sphinx résolue par Œdipe est un dialogue —, ceux du théâtre et surtout ceux de la philosophie. Ainsi avaient-ils inventé la graphie des voyelles : formes de la voix (en grec « voyelles » se disait *ta phônéénta* « qui produisent du son »), variations si proches de la parole, identifiables au souffle de la respiration, elles sont du souffle, qui n'est lui-même que de l'air, un de ces éléments à l'infinie transformation, toujours à l'œuvre dans le devenir de la nature.

Ils se trouvèrent donc en face d'une flagrante contradiction ; d'un côté leur écriture, qui, piégeant la parole comme le flux du temps, paraissant aussi flexible et simple que l'échange dans une conversation entre amis, mettait le point d'application des signes dans le corps de chacun, de l'autre, leur théorie du langage comme échange ininterrompu, n'excluant nullement les dieux.

Exprimons cette contradiction autrement. Les signes renvoient à des expériences sonores simples, à des positions de muscles intérieurs dont tout le monde dispose ; seul, isolé même, le sujet peut tout lire, s'approprier le langage. Avec l'alphabet complet, le sens n'est plus dans les signes communs, il réside dans l'appropriation du texte par le lecteur. Mais pour les Anciens, le sens résidait seulement dans la vie commune, faite d'échange sous une loi traditionnelle. En quelque sorte, l'appropriation du langage par l'alphabet complet était hors la loi.

Aussi Archinos, Thrasybule, les oligarques et les démocrates modérés se trouvèrent-ils d'accord pour retirer l'*h* aspiré de l'écriture — sans le dire, sans même le faire exprès, car il y allait de l'évidence de la vie politique réinstituée. Ils interdirent ainsi la privatisation graphique du souffle : la parole est de tous et les dieux sont inclus dans le nombre.

Ils limitèrent civiquement l'idée que le sens reposait sur la convention, que l'homme était libre dans le langage, que la dialectique et la maïeutique philosophiques en constituaient l'art éminent, qu'à l'horizon lointain le signe était arbitraire — et tant pis pour les philosophes qui allaient s'obstiner à le penser —, que le sens reposait ailleurs que dans l'échange ininterrompu dans le cosmos et avec les dieux.

Mais interdire la privatisation graphique du souffle et du principe de l'échange, c'était aussi remettre l'Échange *én méson*, au milieu, comme à un niveau logique supérieur. Si les démocrates modérés de 403 avant notre ère furent aussi les assassins de Socrate, ils ne furent pourtant pas étrangers à l'éternité d'Athènes : sa langue écrite ayant perdu sa particularité dialectale devint la pensée grecque pour tous les Grecs — en attendant les autres.

Finalement, les Athéniens modérés de 403 avant notre ère ne voulurent point de notre situation dans le langage, entre l'universel inconcevable et le sujet qui soliloque.

Au demeurant, il allait encore falloir vingt siècles d'histoire pour en arriver là : le christianisme et sa double théorie du langage — Dieu maître des mots qui créent, Christ fait homme dans la parole —, la naissance des Nations ou l'universel dans les frontières linguistiques, impliquant la grammaire et l'orthographe comme espaces médians entre le sujet et l'universel, l'imprimerie ou le dédoublement du temps qu'elle signifie...

Mais ceci est une autre histoire.

J'adresse un grand merci à tous ceux qui m'ont encouragée ou qui ont lu et corrigé le texte de ces conférences, J. Bottéro, H. Clastres, Fl. Fabre, M. Gauchet, J.-J. Glassner, V. Hachard, M.-J. Imbault-Huart, F. Schmidt, F. Smyth-Florentin, L. Tournon, P. Vidal-Naquet, L. Verlet.

III.

Écriture et religion civique en Grèce

PAR JEAN-PIERRE VERNANT

1.

Mythes et raisons

Lorsque l'on réfléchit à ce qui constitue l'origine de notre civilisation, de nos formes de pensée et peut-être de quelques aspects de notre vie sociale, on doit d'abord écarter certaines affirmations qu'on a vues fleurir au XIXᵉ siècle, qui s'affirment encore aujourd'hui, et qui n'ont strictement rien de scientifique. Ainsi, un ancien ministre, réfléchissant sur les véritables sources communes à toute l'Europe, pense pouvoir les situer dans la culture primitive des Indo-Européens. Il écrit : « Ces hommes qui nous ont directement précédés sont à travers nous à l'origine des civilisations et de la science les plus avancées, de l'art et de la culture les plus raffinés. L'esprit d'invention, de création les a conduits en quatre mille cinq cents ans par une longue marche progressive des bords de la Baltique jusqu'à la lune. » Nous descendrions donc de ces Indo-Européens qui auraient quitté les bords de la Baltique il y a quatre mille cinq cents ans.

Qui sont ces Indo-Européens ? Pourquoi la Baltique ? Comment sont-ils arrivés en Grèce ? Tout cela ne relève nullement de la science ou de la conjecture raisonnée, mais de la pure idéologie. C'est ainsi : on veut trouver à la Grèce des origines indo-germaniques. Dès lors, l'un des aspects salutaires du travail de Jean Bottéro est d'avoir montré que l'histoire commence à Sumer, comme le dit le titre du livre de A.S. Kramer qu'il a traduit. J. Bottéro a bien éclairé les traits constitutifs de la civilisation mésopotamienne : tout d'abord la présence

191

d'un phénomène urbain important et la constitution d'États, à l'organisation complexe ; deuxièmement, l'existence d'un panthéon organisé, avec une pluralité de grands dieux, ayant chacun leur nom, leur caractère singulier, leur forme d'action, leur domaine d'intervention ; troisièmement, le fait décisif que l'écriture commence en Mésopotamie, ce qui en fait le point de départ de notre histoire ; quatrièmement, de grands mythes, répondant à des questions essentielles ; cinquièmement, la place importante que tient, au plan des techniques intellectuelles, la divination, car les règles divinatoires montrent que les Mésopotamiens possédaient déjà la maîtrise d'une procédure de pensée leur permettant d'établir un certain ordre dans l'univers. Par conséquent, Jean Bottéro a raison de conclure à l'origine mésopotamienne de notre histoire. En ce sens, il est bien exact que le petit coin du monde et d'histoire que je vais évoquer, la Grèce, ne doit se comprendre qu'à partir de cet arrière-plan, qui lui est antérieur. Mon sentiment est qu'il existe certaines continuités, peut-être même des influences ; mais, il est essentiel, en même temps, de marquer des différences. Alors, comment se présente pour nous le problème des origines du monde grec ?

On discute de savoir si c'est vers 2100 ou vers 1900 avant Jésus-Christ que seraient apparues en Grèce des populations, dont l'origine indo-européenne — elles parlaient un dialecte grec archaïque — peut être établie plus tard, à l'époque mycénienne. Les archéologues divergent quant aux dates, mais, ils conviennent généralement que c'est à partir de cette période qu'on voit apparaître, sur la Grèce continentale, des faits nouveaux, signalés par des documents archéologiques : essentiellement, un type de céramique, qu'on appelle minyenne, très différent des précédentes. Ce qui est certain c'est que, entre le XVIe et le XIVe siècle avant notre ère, on voit se constituer, en Grèce continentale et dans un espace extrêmement étendu, qui comprend le Péloponnèse, l'Argolide, mais aussi l'Attique, la Thessalie et la Béotie, une civilisation qu'on appelle le monde mycénien. Il connaîtra son apogée au XIVe ; certaines forteresses monumentales seront érigées au XIIIe ; le déclin, la destruction des palais se situent à la fin du XIIe. Le matériel funéraire qu'on a découvert dans les différents types de tombes *(tholoi* et double forme de cercles funéraires, l'un entre 1650 et 1550, l'autre entre 1570 et 1500), est d'une extraordinaire richesse comme celui que Schliemann a mis au jour dans ce qu'il a appelé « tombeau d'Agamemnon ». En même temps, un certain nombre de traits nous montrent que nous avons affaire à une population où les aspects guerriers sont importants. On trouve des stèles figurées, où l'on voit représentés des chars, des scènes de chasse ou de guerre. On est donc confronté là à une population assez différente de celle que nous connaissons en Crète à la même époque. En Crète, la civilisation est palatiale, et l'on distingue l'époque des premiers palais de celle des seconds palais. Ce qui nous intéresse, c'est que, après une première destruction des palais, on voit comment les Mycéniens, qui se trouvent alors en Grèce continentale, s'installent en Crète dans la deuxième moitié du XVe siècle et vont y jouer un rôle dominant. À un certain moment, vers 1700, la destruction des palais crétois est complète. Est-ce dû à ces Mycéniens ? On en doute. Peut-être s'agit-il de tremblements de terre, peut-être y a-t-il d'autres raisons. En tout cas, ce que l'on constate c'est que seul le palais de Cnossos reste actif et que, à ce moment-là, en Crète et à Mycènes, on retrouve le même type de civilisation. Par ailleurs, à partir de 1400, moment où la civilisation mycénienne est la plus puissante, nous disposons de tablettes. La Crète avait connu une écriture syllabique, le linéaire A, qu'on n'a jamais pu déchiffrer, et puis, on voit apparaître, en Grèce continentale, chez les Mycéniens, et en Crète même, un autre type d'écriture, dérivé de la première, qu'on appelle le linéaire B. Cette écriture a été déchiffrée. C'est du grec. C'est-à-dire que nous sommes assurés qu'aux environs de 1400 s'opère une relative unification de ces écritures. Le linéaire B est une écriture difficile, qui implique qu'il y a déjà eu un apprentissage... Bien entendu, ce sont des scribes crétois qui ont appris à ces proto-Grecs la façon d'écrire, mais nous avons donc là un type de culture, qui traduit, par ce second type d'écriture crétoise, une langue indo-européenne qui est déjà du grec. Ces Grecs ne viennent sûrement pas de la Baltique, mais alors d'où viennent-ils ? Du plateau anatolien ? Ils sont peut-être contemporains d'autres poussées indo-européennes comme celle des Hittites en Asie même. Ils viennent peut-être des steppes situées entre la Caspienne et la mer Noire. En tout cas, ils s'unissent certainement très vite à une population locale non indo-européenne, que les auteurs grecs appellent aussi de temps en temps les « Barbares ». Hérodote pourra dire, par exemple, qu'avant, en Grèce, il y avait des Barbares, des Minyens ou des Pélasges...

En s'unissant à ces populations, les Grecs sont d'une certaine façon des métis. Leur culture a pris l'essentiel à ce que les Crétois, qui ne sont pas des Indo-Européens, avaient édifié. En même temps, les Crétois avaient déjà eu une activité qui les avait implantés sur toute la côte d'Asie, et même au-delà. Les Mycéniens prennent leur place à partir de 1400. On sait qu'ont existé des établissements mycéniens, non seulement dans beaucoup des îles des Cyclades et de la Méditerranée, jusqu'en Italie du Sud, mais également en Asie. Les principaux palais mycéniens sont très différents des palais crétois. Ce sont des forteresses, qui, à partir de 1300, s'entourent de murs, comme ceux que l'on voit à Tirynthe ou dans beaucoup d'autres endroits de la Grèce. Alors que les palais crétois étaient des constructions très compliquées mais directement ouvertes sur la plaine et sans défense, les palais mycéniens sont de véritables forteresses militaires. Entre le XIIᵉ et le XIᵉ siècle, ces vastes constructions urbaines, avec les palais-forteresses, disparaissent. On assiste alors à une véritable régression, à tous égards. En fouillant les tombes et en étudiant l'occupation du terroir, les archéologues ont pu montrer qu'il y a eu une chute démographique énorme. Les campagnes se dépeuplent. En même temps, cette écriture, jouant un rôle comparable à celui qui était le sien dans les empires ou les cités-États du Proche-Orient, servait à comptabiliser l'ensemble des activités économiques et religieuses qui dépendaient d'un des palais. Or, cette écriture disparaît complètement, sauf à Chypre, mais c'est un cas particulier : écriture syllabique dérivée du linéaire B, elle va créer un type d'écriture chypriote, encore en usage pendant la période classique. Partout ailleurs, l'écriture disparaît totalement, et elle ne réapparaîtra, en gros, que vers le VIIIe siècle, peut-être la fin du IXe siècle. Nous avons affaire à une véritable civilisation, déjà grecque par la langue, extraordinairement riche et puissante, avec un raffinement dans la confection de certains objets comme on en trouve dans les tombes. Les Mycéniens ont donc construit tout cela et puis, soudain, tout s'interrompt. C'est la période qu'on appelle celle des « siècles obscurs » : dépeuplement et, peut-être même, abandon. C'est une des théories qui ont été soutenues. Deux explications sont en vigueur : la première prétend que cette chute de la toute-puissance mycénienne est due à l'invasion des Doriens ; c'est-à-dire d'une partie des peuples grecs parlant un dialecte particulier, le dorien, en usage dans le Péloponnèse. Cette hypothèse, qui a longtemps été soutenue, ne l'est plus guère, parce que, quand les archéologues regardent en détail, ils ne voient rien qui leur permette d'imaginer qu'une population différente soit apparue entre le XIIe et le IXe siècle. La deuxième théorie suppose qu'il y a eu soit des luttes internes, soit d'autres phénomènes qui ont fait que cette civilisation s'est peu à peu affaiblie et dispersée. Autrement dit, la Grèce, pour nous, redémarre au VIIIe siècle. Dans cette Grèce du VIIIe siècle dont les origines sont très difficiles à définir clairement, on vient de le voir, nous savons qu'il y avait des contacts et, par conséquent des emprunts possibles entre cette Grèce continentale, la Crète et l'ensemble des pays du pourtour méditerranéen.

La Grèce fait partie là d'un ensemble méditerranéen où, jusqu'au XIIe siècle, la circulation et les échanges sont incessants. C'est entre le XIIe et le IXe siècle que les communications entre ces Grecs et l'Asie sont quasi interrompues. On assiste alors à une baisse du commerce, à un très fort ralentissement de navigation. À partir du IXe siècle, et même dès la fin du Xe siècle, les choses reprennent grâce à un vaste mouvement de colonisation : la population croît, les sites urbains se développent. Les Grecs de la Grèce continentale iront installer des colonies non seulement sur la côte d'Asie, en face (la côte d'Asie Mineure est colonisée dès 950), mais également sur la mer Noire, en Sicile, et plus à l'ouest, à Marseille et même en Espagne. Nous entrons alors dans une période qui est vraiment celle de la Grèce sur laquelle nous avons à réfléchir.

En quoi cette Grèce est-elle à la fois semblable et très différente de la Mésopotamie ? Voyons d'abord les similitudes. Dans cette Grèce archaïque, sur laquelle nous avons comme témoignages un certain nombre de textes, comme l'épopée homérique ou les poèmes de type sapiential d'Hésiode — *Théogonie, Les Travaux et les Jours* —, il me semble que les mythes, les légendes, l'organisation même du panthéon évoquent ce que nous avons vu à Sumer, en Akkad et dans le monde assyro-babylonien. On a en effet affaire à des systèmes polythéistes. Une grande partie des mythes consiste en récits qui, à leur façon, sans poser du tout de problèmes, apportent, à travers la narration elle-même, non pas une solution, mais une façon de voir comment le monde est organisé. On a beaucoup essayé d'établir des rapports entre un certain nombre de mythes grecs et des mythes soit hittites, soit babyloniens. Bien que ma connaissance des mythes du Proche-Orient ancien soit très superficielle — j'ai simplement lu les textes —, je pense que, s'il y a des ressemblances, elles ne sont pas beaucoup plus grandes que par rapport à d'autres grandes civilisations très différentes — d'Amérique précolombienne ou d'Afrique. Il arrive qu'il y ait des cas où les correspondances soient tout à fait claires, c'est le cas de la lutte de Zeus contre Typhon. On peut montrer qu'il y a un certain nombre de mythes hittites qui sont très semblables à ce récit. Seulement, les récits grecs concernant Typhon ne sont cités que par Apollodore, Plutarque et Nonnos de Panopolis ; c'est-à-dire qu'ils courent du Ier siècle avant jusqu'au IVe siècle après Jésus-Christ. Par conséquent, on se trouve dans un monde à la fois grec et oriental, et il est tout à fait naturel qu'on puisse y trouver des rapports. Mais si l'on prend *la Théogonie* d'Hésiode, poème qu'on date du VIIe siècle environ, juste après Homère, il me semble que l'on peut déjà saisir certaines différences de ton. Il y a, dans le récit qui est fait par Hésiode le souci de rendre compte de l'ordre, à la fois sur le plan cosmique et sur le plan du pouvoir de Zeus, le souci de montrer que ce pouvoir repose sur ce que le Grec appelle la *diké*, c'est-à-dire la justice. Cette direction, à la fois cosmologique et éthique, me paraît plus marquée dans *la Théogonie* hésiodique que dans des mythes correspondants, avec lesquels on l'a souvent mise en rapport. Dans l'*Enuma elish*, par exemple, le combat de Marduk contre Tiamat correspond en effet au combat de Zeus contre Typhon dans *la Théogonie*. On sait que Marduk tue Tiamat avec l'aide des vents qui s'engouffrent dans le ventre de ce monstre, qu'il en lance une partie en haut qui fait le Ciel et une partie en bas qui fait la Terre. Dans *la Théogonie*, il y a le même problème : à un moment, le Ciel et la Terre sont l'un sur l'autre et il va falloir les séparer. C'est le coup de serpe de Kronos qui le fait. On a évidemment rapproché ces deux textes. Pourtant, si la Terre et le Ciel se séparent, c'est parce que Kronos, en châtrant son père Ouranos, l'oblige à se retirer au loin, ce qui est quand même très différent de la dépouille de Tiamat. Le rapport vient de ce que, du cadavre de Typhon, une fois que Zeus en a triomphé, non sans mal, sortent précisément les vents, des vents non pas réguliers comme il y en a un certain nombre, mais au contraire des vents tempétueux, les vents du désordre, les vents chaotiques. Voilà un bon exemple de la démarche de certains mythologues : ils vont prendre des petits points dans la trame du récit, montrer que cela se recoupe et essayer de dire qu'il y a eu une influence. Pour ma part, je pense que ce travail est non seulement vain, mais conduit à fausser le sens d'un mythe en général. On a affaire à des choses différentes. Mais où est le problème ?

Ce qui est différent dans le monde grec me paraît être ceci : au VIII\ :sup:`e` siècle, là où nous saisissons cette histoire, la Grèce n'est pas du tout une civilisation de l'écrit. C'est une civilisation orale. Toutes les grandes formes spirituelles — l'épopée, la poésie lyrique, la poésie sapientiale — ne sont pas encore écrites. On vit dans une culture où la parole joue le rôle fondamental, elle le restera très longtemps, pratiquement jusqu'au V\ :sup:`e` siècle et peut-être même plus tard, l'usage de l'écrit ne pénétrant que très lentement. Nous sommes dans le monde de la parole chantée, mimée, dansée, la parole poétique. La communication se fait dans le cadre d'une vie à la fois civique et religieuse. Vie religieuse qui diffère de ce que nous connaissons ailleurs. Au VIIIᵉ siècle, les divinités évoquées dans la *Théogonie* existaient déjà dans le monde mycénien. Les noms des dieux que nous trouvons sur les tablettes mycéniennes sont déjà les noms des grands dieux grecs, dans leur majorité indo-européens. Zeus-pater est évidemment le répondant du Jupiter romain ou du Dyauspita védique, indien. Mais, comme l'a bien montré Dumézil, ce qui constituait l'ossature du système religieux des grandes religions indo-européennes (qu'il s'agisse de l'Inde, de Rome, des Germains ou des Scandinaves), c'est la conception trifonctionnelle des dieux, de la société et des hommes. Cette conception n'existe pas en Grèce, ou, si elle existe, c'est sous forme de lambeaux complètement épars qu'on trouve à droite et à gauche. On a donc effectivement des dieux, dont la plupart sont indo-européens, mais qui constituent un panthéon qui n'est pas organisé suivant le modèle correspondant à ce que nous trouvons dans les autres religions indo-européennes. Dumézil lui-même en était bien conscient : après avoir essayé d'appliquer son schéma au cas grec, il y a finalement renoncé, pour l'essentiel. Cette religion grecque va se caractériser par deux faits, qui semblent contradictoires et qui ne le sont pas. Nous allons voir apparaître ce qu'on appelle des cités-États : des communautés où les gens se considèrent comme des concitoyens, avec en général un centre urbain et une campagne. Chaque cité aura son dieu particulier, son dieu tutélaire, qu'on appelle divinité poliade. Par exemple, Héra à Argos ou Athéna à Athènes. On racontera comment Héra et Athéna ont eu à un moment donné un conflit avec un autre dieu pour savoir qui serait le patron de cette communauté civique. Il y a un particularisme religieux. Les dieux sont profondément intégrés au système de la cité. Ce sont des dieux qui ont le même statut que le groupe d'hommes qui les reconnaît, des dieux citoyens. Ils enracinent en même temps le Ciel dans un territoire particulier, avec des sanctuaires au centre, d'autres à la périphérie urbaine et d'autres encore à la frontière de l'État. Et des processions vont parcourir l'ensemble du territoire de façon régulière, partir du centre, franchir les limites de la ville, aller jusqu'aux frontières et revenir. C'est en quelque sorte une façon de marquer le territoire. En même temps, c'est le VIIIe siècle, la période d'Homère, celle où les grands sanctuaires panhelléniques sont fondés. C'est le moment où le sanctuaire de Delphes commence à avoir de l'importance, aussi bien que les Olympiades... Par rapport aux dieux qu'on invoque, avec lesquels on est en commerce cultuel, c'est ce particularisme des cités qui joue. En même temps, sur le plan intellectuel, comme le dit Hérodote au Ve siècle avant notre ère, des hommes, des poètes comme Homère ou Hésiode, vont constituer une sorte de religion panhellénique. Ils vont donner des noms aux dieux et les mettre en ordre. S'élabore ainsi un panthéon qui est en gros le panthéon canonique de la Grèce, même si chaque cité a le sien ; et cette élaboration se fait sous la forme d'une culture orale. Ce pays, qui a connu un type d'écriture syllabique fondé sur le savoir de scribes spécialisés, de professionnels de l'écriture, l'a complètement oublié au profit d'une culture orale très riche, qui va produire la poésie lyrique, l'épopée et même, au départ, un certain nombre de textes philosophiques. En effet, des philosophes comme Parménide, Empédocle, Héraclite ou Xénophane écrivent en vers. Mais ce sont des poèmes qui sont faits pour être dits. Les textes sont composés pour être lus à voix haute ; et cela est fondamental. À partir de cette tradition orale, où le savoir de tous s'est transmis sous forme de poésie chantée, on va voir apparaître une forme d'écriture, qui, par rapport à cela de l'époque mycénienne, à l'écriture crétoise et même aux autres types d'écriture, est neuve. C'est l'écriture alphabétique. Elle est empruntée aux Phéniciens, ce qui n'est pas étonnant. Il est clair que dès le IXe siècle, les Grecs sont en relation avec les Phéniciens dans les comptoirs où ils ont chacun une petite colonie. Les Phéniciens connaissent cette écriture alphabétique, parce que les Cananéens comme les Hébreux la pratiquaient. Les Grecs vont transformer cette écriture alphabétique de façon qu'elle soit la traduction exacte de la parole. C'est-à-dire qu'ils vont utiliser un certain nombre de signes pour noter les voyelles. À ce moment-là, l'écriture cesse d'être ce qu'elle était à l'époque mycénienne, dans les palais, et ce qu'elle a été dans beaucoup d'endroits : la spécialité savante d'une classe de doctes, sinon de professionnels, de scribes. Sa fonction prend un tour différent : il ne s'agit plus du tout de noter des choses ni même, par différents jeux, d'essayer de suivre le flux langagier. L'écriture ne sera plus rien d'autre que la traduction de la parole. C'est la parole qui est tout. Par ailleurs, cette écriture est beaucoup plus facile à apprendre parce que le nombre de signes est très réduit. Elle n'est plus une spécialité, même si, dans l'évolution sociale, elle a mis longtemps à pénétrer tous les secteurs. Si, par exemple, le droit grec est resté, jusqu'à une époque très tardive, l'époque hellénistique, un droit oral, et non pas écrit, et si nous avons une civilisation profondément enracinée dans l'oral, l'écrit va pourtant jouer un rôle qu'il n'avait pas ailleurs. Je prends un exemple : des Grecs vont à Pithécussa, sur l'île d'Ischia. Dans un comptoir mycénien et grec de Pithécussa, on trouve, dès le VIIIᵉ siècle, des vases décorés sur lesquels le potier a non seulement mis son nom, mais cité un vers d'Homère, en rapport avec la scène qui est décrite. Nous connaissons des cas de mercenaires en Égypte, qui signent de leur nom des graffitis. Par conséquent, nous avons la preuve que cette écriture alphabétique a pu être assez tôt détachée nettement de ce qui était, jusque-là, une spécialisation savante. En même temps, le rôle fondamental de cet écrit va consister à rendre public aux yeux de tous les citoyens un certain nombre de textes. Passage par conséquent de la performance orale à l'écriture : quand un aède chante une partie de l'*Iliade* ou de l'*Odyssée,* il se souvient, en même temps qu'il improvise, comme il le dit lui-même, et comme les anthropologues l'ont montré. Il compose à partir d'une tradition que son public connaît déjà. Ainsi, ce qu'il raconte a un caractère circonstanciel : cela dépend de son public ainsi que de la conjoncture.

Ce point est très important. Au VIᵉ siècle, dans les colonies grecques d'Asie Mineure, en particulier à Milet, on voit apparaître un nouveau type d'écrit : d'abord avec Thalès, puis avec un de ses élèves, Anaximène, ensuite avec Anaximandre. Thalès est un homme qui joue un rôle politique dans sa cité et qui va très probablement recourir à l'écrit. Pour Anaximandre, le fait est avéré. L'exposé de ce que Thalès pense, et des explications qu'il avance, se fera en prose. On est donc passé d'une poésie orale à une écriture prosaïque. C'est un phénomène dont les conséquences sont considérables. À partir du moment où est abandonnée l'ancienne manière de prononcer des discours « philosophiques » en vers devant une foule rassemblée, comme le fera encore en plein Ve siècle un personnage comme Empédocle, dès lors que le texte est écrit en prose, qu'il est « placé au centre », comme dit la formule grecque, c'est-à-dire rendu public, mis au milieu de la communauté, il se trouve par là même soumis à des controverses et à des critiques. À mon sens, on pénètre alors dans un système tout à fait nouveau par rapport à ce que nous connaissons du Proche-Orient ancien, nouveau aussi par rapport aux mythes d'Hésiode, lesquels rappellent, d'une certaine façon, les mythes mésopotamiens ou hittites, même s'ils y apportent certains changements. Dans le mythe, nous avons des récits, des narrations qui ne posent pas de problème d'emblée et qui expliquent et racontent comment, au départ, il y a un monde chaotique, désorganisé, et comment, peu à peu, l'ordre s'institue. Mais dans le récit de la poésie légendaire de type hésiodique, tout se fait à travers des généalogies divines, comme au Proche-Orient. Premièrement : une suite de dieux occupent la position maîtresse, se combattent, ou s'enfantent et se succèdent. Mieux ou, en tout cas, différemment des textes du Proche-Orient ancien, la poésie d'Hésiode mettait peut-être en lumière le fait que, pour qu'il y ait un ordre dans le monde, il faut qu'il y ait chez les dieux un souverain, il faut aussi que ce souverain le fonde, l'établisse. Deuxième point : il faut que cet ordre ne soit plus remis en question. On peut dire que toute la *Théogonie* est une immense narration qui part de puissances premières, de *chaos* — une béance, un gouffre obscur, sans direction, où on ne distingue rien, qui est en même temps brumeux, nocturne et qui d'une certaine façon peut évoquer aussi un mythe du déluge, où toutes les frontières entre les objets s'effacent. C'est cela qu'Hésiode place au début du surgissement du Cosmos : il y a *Chaos*, puis après ce chaos, le suivant à un moment donné, naît *Gaïa*, qui est le contraire

201

de *Chaos,* qui est ferme, qui est visible, qui est stable ; et puis, par une sorte de mouvement dont le poète suit les péripéties, on va arriver à Ouranos, à Kronos, à la lutte des dieux et, enfin, à Zeus. Le problème est alors de voir comment Zeus peut agir pour que subsiste l'ordre qu'il a institué à un moment donné quand il est vainqueur ; tous les dieux décident alors de lui confier la *basiléia,* la royauté, et lui demandent de distribuer à chacun d'eux les portions d'honneur, les *timai.* Chaque dieu va avoir la sienne et ça ne bougera plus... bien que Zeus ait aussi des enfants. Par conséquent, le mythe pose le problème de la temporalité. Puisqu'il a des enfants, ils vont être plus jeunes que lui. Puisqu'ils sont plus jeunes, ils seront plus forts le moment venu. La rivalité surgira, et Zeus risque de subir ce qu'il a infligé à Kronos et Kronos à Ouranos, comme dans les mythes du Proche-Orient. Le mythe apporte la réponse, en montrant comment Zeus va trouver le moyen d'avoir une fille, Athéna, et en même temps de ne pas avoir un fils plus fort que lui. Je laisse de côté les procédures par lesquelles il y parvient Il avale sa première épouse, Métis, qui est l'intelligence rusée, la prévision. Une fois qu'il l'a avalée, il est tranquille car, s'il ne l'avait pas fait, il aurait eu un fils plus fort que lui et les luttes pour la souveraineté auraient recommencé pour rebondir sans fin de génération en génération. Voilà ce que racontait le mythe : généalogie, enfantement, mariage, combats, astuces, luttes contre des monstres, et finalement l'idée, fondamentale, que l'ordre du monde suppose un souverain, un pouvoir supérieur, et que c'est ce pouvoir et la stabilité de ce pouvoir qui peuvent établir la constance de l'ordre cosmique.

Si l'on examine les premiers textes de philosophie — quelques fragments pour Thalès et Anaximène, un peu plus pour Anaximandre, mais nous les connaissons par les commentaires —, on voit qu'avec ce que l'on a appelé la « première philosophie », celle des physiciens, les dieux ont disparu de l'horizon de l'explication des choses. Chez Phérécyde, il y a encore un dieu qu'il appelle Zas — il fait des jeux de mots —, mais chez Thalès et les suivants, c'est fini. Les dieux du panthéon, les dieux du culte ont disparu complètement. Autrement dit, s'affirme une forme de réflexion qui, dès le départ, se situe en dehors de la sphère religieuse traditionnelle. On n'est plus devant une narration poétique, mais devant une explication du monde, des phénomènes, pour ce faire, tels que nous les voyons ; on utilise des schémas explicatifs qui sont du même type que ceux que nous avons tous les jours sous les yeux. Par exemple, prenons un crible qu'on fait tourner. Les parties légères vont disparaître, les parties lourdes vont rester. Voilà un bon exemple pour expliquer certains phénomènes. Pour expliquer la vision, on peut aussi prendre une lanterne. Autrement dit, ce sont des procédures — techniques ou naturelles — simples qui vont permettre de comprendre comment le Cosmos s'organise. Par un changement fondamental de perspective, cette philosophie va modifier complètement les rapports de l'ordre et du pouvoir. Dans les mythes, il y a un ordre du monde, puisque à un moment donné il y a un pouvoir. Pour qu'il y ait de l'ordre, il faut qu'un pouvoir le fonde, l'établisse, l'institue, le conserve. Cela, c'est fini. Maintenant, au contraire, pour qu'il y ait de l'ordre, il faut qu'aucun pouvoir, aucune puissance ne possède une suprématie complète. Parce que si une puissance possède plus de force que les autres, alors elle l'emportera. Par exemple, si le chaud a plus de force que le froid, l'humide, etc., tout sera finalement chaud. Il va donc falloir organiser non plus un récit, mais un texte, un exposé — ce n'est pas encore une démonstration — où l'on montrera qu'il y a un ordre dans le Cosmos dans la mesure où il y a un équilibre des puissances. On dira que, dans ce type de pensée, l'ordre est premier par rapport au pouvoir. Il n'y a plus l'idée d'un souverain du monde, au contraire. Anaximandre est le plus caractéristique à ce point de vue. Il va expliquer que Thalès pensait que l'*archè*, le principe, ce qui est premier et qui domine tout, c'était l'eau. Pourquoi la terre ne tombe pas ? Parce qu'elle flotte sur l'eau. Par conséquent, c'est l'eau l'élément premier, qui peut prendre toutes les formes, qui domine la terre. Vieux thème qui rappelle le mythe du Déluge, parce que toutes ces philosophies s'enracinent elles aussi dans de vieilles conceptions mythiques. Mais, en même temps, le vocabulaire change : à la place des dieux, on se sert de mots, de qualités — le chaud, le froid, le sec, l'humide —, on ajoute *to*, le neutre, l'article. On substantifie des qualités et on considère que ce sont ces qualités substantifiées abstraites qui forment le tissu à partir duquel le monde s'est constitué. C'est donc vraiment une révolution dans la façon de concevoir les choses. Si je prends Anaximandre, celui-ci dit que ce qui est principe, *archè*, ça ne peut être ni le chaud, ni le froid, ni le sec, ni l'humide, parce que si c'était un tel principe, alors la souveraineté de ce principe détruirait les autres. Le principe est ce qu'il appelle *apeiron*, le non-limité. Et on peut montrer que cet *apeiron* n'a pas d'autre fonction que de faire en sorte qu'aucun des principes dont le monde est constitué ne puisse l'emporter. Comme le dit Anaximandre : si le chaud ou une puissance quelconque dans le monde s'avance au-delà de ce qui est sa portion et envahit le reste, il faudra ensuite qu'elle rende justice, qu'elle paie la faute qu'elle a commise et qu'elle retourne d'autant. Autrement dit, il y a un équilibre, les puissances vont et viennent et l'*apeiron* sert à ceci que, n'étant pas une puissance comme les autres, elle ne risque pas de s'emparer de la suprématie. Anaximandre va même beaucoup plus loin. Les conséquences de cette affaire sont d'importance : non seulement on a un système de pensée où ce n'est plus le pouvoir qui est le premier, mais l'ordre, la loi, *nomos*, comme diront les Grecs un peu plus tard, et c'est la *dikè*, seulement, qui est *basileus*, le roi. Il n'y a pas de roi en dehors de cela. Dans cette conception, le monde lui-même est vu comme quelque chose qui obéit à un ordre premier. Le mot *archè*, que je traduis par « principe », ne prend ce sens que dans la philosophie d'Anaximandre. Chez Hésiode, *archè* signifie à la fois ce qui est premier, le primordial — l'*archè*, c'est Chaos, ce qui fut d'abord, puis Gaïa — et ce qui, à la fin de toute cette narration, se trouve déposé et concentré entre les mains de Zeus, le pouvoir, le commandement, la suprématie. Tandis que dans le nouveau système, *archè* va impliquer le principe, l'ordre, la loi de répartition qui constituent le fondement de l'être. Dans le système mythique, l'*archè* point de départ et l'*archè* souveraineté sont temporellement éloignées l'une de l'autre. Aristote dit que

Zeus et les dieux olympiens sont des « tard-venus ». Ils arrivent à la fin de l'histoire, au terme du récit. Tout le mythe consiste à montrer comment on est passé d'*archè* qui est le primordial à *archè* qui est la souveraineté. Dans la conception d'Anaximandre, *archè*, c'est bien ce qui commande — mais ce n'est pas un souverain apparu sur le tard —, c'est cet ordre qui, au fondement du monde depuis l'origine, n'a jamais cessé et ne cessera jamais d'en régler le cours. Anaximandre va se poser le problème que les autres s'étaient posé : pourquoi la Terre ne tombe pas ? Il va répondre : la Terre ne tombe pas, parce qu'elle n'a aucune raison de tomber. Étant au centre de la circonférence céleste, juste au centre (placée *en mesoi*), elle n'a aucune raison d'aller plutôt vers le haut que vers le bas, plutôt vers la droite ou vers la gauche. S'opèrent ainsi ces transformations, ce que nous pouvons appeler une géométrisation de la pensée ; le texte même présente l'ordre du monde sous la forme de ce que les Grecs appelleront une *théoria*, vision et théorie en même temps. La Terre est là, au milieu, par conséquent pourquoi tomberait-elle ? Ou comme Anaximandre le dit encore : elle ne tombe pas parce que, étant à égale distance de tous les points de la circonférence céleste, elle n'est dominée par rien. La Terre est au centre, et nous verrons plus loin les valeurs politiques qui en découlent. Ce qui prédomine déjà, par ce travail d'abandon de toutes les histoires, de toutes les narrations dramatiques, de la poésie, c'est le recours à la prose, à l'écrit — un écrit qui est lui aussi placé au centre, et qui, en ce sens, échappe à son producteur et devient l'objet d'un débat public et contradictoire.

En même temps, c'est le moment où l'on invente les cartes : Anaximandre aurait inventé la première carte de l'univers habité. On présente désormais les choses spatialement. Et cette espèce de spatialisation de la pensée, qui se manifestera aussi sur le plan social et politique par les grands plans urbains, aboutira à ce qui, me semble-t-il, marque parfaitement l'originalité de la Grèce. Les Babyloniens, les Égyptiens, les Chinois, les Indiens ont eu des mathématiques, très développées, en général algébriques. Ils connaissaient certainement le théorème de

Pythagore, entre autres. Mais les Grecs vont faire quelque chose de complètement différent... Ils vont produire ce qui va aboutir à la géométrie d'Euclide. Cette révolution de la pensée, d'une certaine façon, les physiciens d'Ionie l'ont entamée. Ils s'intéressent aux phénomènes, à ce qu'on voit. Il s'agit de trouver des schémas explicatifs qui rendent compte des apparences. Mais, précisément parce que la Grèce est une civilisation de l'oralité, la poésie, la poésie religieuse, les hymnes aussi ont continué.

Un tout autre courant philosophique, que l'on date également de la fin du VIᵉ et du début du Vᵉ siècle, regroupe des poètes inspirés, qui, pour expliquer les phénomènes, ne font pas comme faisaient les physiciens — trouver des schémas positifs, la positivité ayant envahi les textes des physiciens —, mais essaient de voir ce qui se cache derrière les apparences. On voit alors apparaître, dès le VIᵉ siècle, et se développer, au Vᵉ siècle, cette grande idée philosophique de l'opposition entre les apparences et l'Être, un et absolu. Toute une série de philosophes s'engagent dans cette voie. Et, dans ce courant, la vérité, le vrai, ce n'est plus la vérité des récits mythiques, non plus celle des philosophes d'Ionie qui essaient de rendre raison des apparences. La vérité d'un discours va tenir uniquement à sa cohérence interne : ce qui fait qu'un discours est vrai, ce n'est pas le fait que ce qu'on voit semble le confirmer, mais que le discours, tel qu'il s'articule à l'intérieur de lui-même, est irréfutable. C'est la définition du principe d'identité chez les Éléates. Combiné à d'autres facteurs, cela va conduire à définir une science mathématique qui a entièrement marqué la civilisation occidentale, parce que c'est une science qui enchaîne une série de démonstrations à partir de principes et de définitions qu'elle pose, de telle sorte que la vérité de la proposition finale est totalement indépendante de toute confirmation extérieure dans le monde. La vérité de la proposition finale est tout entière suspendue à la rationalité interne du discours, à sa cohérence, à son côté systématique, ou encore, si l'on veut pour le dire comme les historiens des mathématiques : les Grecs sont arrivés, et ce n'est pas un fait du hasard, à définir l'idéalité des objets mathématiques. On ne peut faire de mathématiques sans tracer des figures : un triangle, un cercle ou un carré. Mais ce dont les Grecs sont parfaitement conscients, c'est que le triangle tracé n'est pas le triangle sur lequel on raisonne. Parce que, naturellement, c'est un triangle dont les lignes ont de l'épaisseur et une certaine irrégularité. Autrement dit, on définit un savoir dont la rationalité porte sur des objets qui ne sont pas d'ordre phénoménal, mais qui sont des objets mentaux de type idéel et qui naturellement, aux yeux des Grecs, et pas seulement des Grecs, correspondent à des essences réelles. La pensée fait ici véritablement un saut ; cette mathématique-là représente quelque chose d'entièrement différent. Elle représente un type de rationalité qu'on ne trouve pas facilement ailleurs. Mais qu'on ne s'y trompe pas : je ne veux pas du tout dire que sur le sol grec, par une espèce de miracle, ont émergé, d'une part, une philosophie de la nature s'efforçant de trouver des explications positives de l'ordre du monde et, d'autre part, une philosophie de l'Être, du *logos*, de la rationalité, qui instaure tout le mouvement de la philosophie. Il est tout à fait clair que l'*apeiron* d'Anaximandre, qui va servir dans son système à évacuer la souveraineté d'un pouvoir divin singulier, trouve son origine dans le vieux *chaos* de la *Théogonie* hésiodique. Il n'aurait jamais pu penser l'*apeiron* s'il n'y avait eu dans le mythe le chaos, qui justement se définit par le fait qu'il peut être n'importe quoi, qui n'est pas plus ceci que cela. De la même façon, jamais les mathématiciens grecs n'auraient pu envisager le type d'études qu'ils ont poursuivies si une de leurs écoles, celle des Pythagoriciens, n'avait pas été en même temps une secte qui pensait qu'il y a des nombres parfaits. Car, en même temps qu'ils faisaient des mathématiques, ils se livraient à des exercices spirituels d'ascèse, ils essayaient de joindre le début à la fin, c'est-à-dire retrouver tout le cycle des réincarnations qu'on avait pu vivre. Il n'y a pas eu, d'un côté, la raison, l'intelligence réflexive, la démonstration et, de l'autre, la religion, le mythe et la superstition. Les choses se font en même temps. La découverte de l'idéalité des objets mathématiques s'opère en quelque sorte sur fond de groupe initiatique et sectaire comme celui des Pythagoriciens. Les choses ne sont jamais simples. Il n'y a pas lutte du rationnel contre le mystique, du laïc contre le religieux. Il n'y a pas non plus une raison, la raison occidentale, qui serait sortie de là. La raison des gens d'Ionie n'est pas la même que celle de Parménide, des Éléates. La raison des philosophes et des mathématiciens n'est pas celle des médecins ; les médecins en ont d'ailleurs plusieurs, selon les différents types de médecine. Suivant la personne qui écrit et le domaine du réel que cette orientation intellectuelle a permis d'explorer, les procédures intellectuelles ne sont pas les mêmes. L'historien — Hérodote, Thucydide et ceux qui ont pu les précéder — ne raisonne pas exactement comme un philosophe. Un tel champ de rationalités multiples a pourtant une relative unité ; il est tout de même fondamentalement inscrit dans ce qu'on peut appeler l'univers du politique, l'horizon intellectuel de la cité.

2.

La cité : le pouvoir partagé

Après avoir défini à grands traits les conditions et les formes d'émergence d'une rationalité différente du mythe, je m'interrogerai, maintenant, à partir de l'apparition des cités comme forme d'État, sur l'invention du politique et de la démocratie. Dans *Démocratie antique et démocratie moderne*, Moses Finley écrit : « Ce sont les Grecs, somme toute, qui ont découvert non seulement la démocratie, mais aussi la politique, l'art de parvenir à des décisions grâce à la discussion publique, puis d'obéir à ces décisions, comme condition nécessaire pour une existence sociale civilisée. [...] Les Grecs, et les Grecs seuls, découvrirent la démocratie en ce sens. » Bien que pour l'ensemble je souscrive à cette affirmation, les choses me semblent un peu moins simples que ne le dit Finley. Avec la Grèce que nous voyons surgir, ce sont des lieux, des espaces publics où la communauté entière va se réunir pour prendre des décisions. Espace, lieu public de pratiques langagières. Les gens vont venir dans cet espace, parler, discuter, argumenter, opposer discours à discours. Donc, pratique langagière définie et, en même temps, institution qui fixe cet élément fondamental. Il y a des intérêts communs à un groupe. Ces intérêts s'inscrivent dans l'espace du groupe, dans des lieux qui sont privilégiés par rapport aux autres, c'est-à-dire qui ne sont plus des lieux particuliers, domestiques, familiaux, mais des lieux communs, où l'ensemble du groupe se sent en quelque sorte enraciné. En allant vite, on dira que la logique de ce courant a été la démocratie athénienne, c'est-à-dire l'idée que le groupe tout entier participe aux affaires publiques, a le droit de libre parole comme celui de demander des comptes à tous les magistrats : le même groupe prend les décisions politiques — celles qui portent sur les affaires communes —, et est représenté dans les tribunaux. Par conséquent tout le système institutionnel consiste à réaliser, à travers les formes de la vie sociale, cette idée d'un espace où la communauté est réunie et où elle prend souverainement ses décisions. Telle est la démocratie — de *démos* qui veut dire à la fois le peuple dans son entier et cette partie du peuple qui est la plus pauvre. Mais, dans « démocratie », il n'y a pas seulement *démos*, mais aussi « cratie », de *cratos*, le pouvoir, la souveraineté du peuple. Bien entendu, tout cela crée beaucoup de difficultés, parce que le mot « démocratie » chez les Anciens peut désigner un régime où c'est vraiment l'ensemble des citoyens qui décide, indépendamment de leur statut, c'est-à-dire indépendamment du fait qu'ils sont propriétaires de terres plus ou moins grandes, ou qu'ils ont un revenu foncier différent. Toutes les différences de catégories sociales sont représentées, qu'on soit artisan, agriculteur ou qu'on ne fasse rien. Comme le dit Périclès dans le discours que Thucydide lui attribue : « Chez nous, le fait d'être pauvre, le fait d'être artisan, le fait d'être cordonnier ; tout ça n'empêche pas qu'on fasse partie de la citoyenneté et qu'on a le même droit de parole. » C'est le premier sens de « démocratie ». Il y en a un deuxième : *démos* désigne également les gens les plus pauvres et les plus démunis, la masse, *to plethos*, les plus nombreux, qui profitent du pouvoir, qui l'ont accaparé et qui, par conséquent, font peser la tyrannie de ce pouvoir du plus grand nombre sur une élite, sur les *aristoi*, les meilleurs, les *oligoi*, ceux qui sont moins nombreux.

Il y a là quelque chose d'important sur quoi nous devons réfléchir. Je pense qu'il est incontestable que le politique soit lié à l'instauration d'un débat public, d'une discussion argumentée, de discours qui s'opposent. Cela implique que la parole acquiert une fonction et un poids entièrement différents de ce qu'ils étaient auparavant. La parole échangée sur la place publique n'a plus la même vertu décisoire que celle d'un roi ou d'un prêtre, elle n'a pas non plus la valeur d'une révélation du vrai, comme par exemple celle du prophète inspiré ou du poète. Cette parole, prononcée par quiconque au cours d'un débat, est vue comme argumentation et persuasion, exposé d'un avis raisonné sur ce qui est le meilleur pour une collectivité. Premier point, donc : cette parole a une fonction, dont le rôle n'est plus d'énoncer une vérité religieuse. Chez Homère déjà, on voit apparaître quelque chose de cet ordre, en Grèce : ainsi à Ithaque, au moment où Télémaque convoque les Anciens, ou, à la fin de l'*Odyssée*, quand Ulysse a tué les prétendants, il y a de nouveau une réunion de ce peuple d'Ithaque ou de ses représentants. Nous voyons là presque une cité en fonctionnement. Par ailleurs, des éléments plus sérieux nous indiquent le début de l'idée de *polis*, en particulier une inscription crétoise de Dréros qui date de la seconde moitié du VIIᵉ siècle, et où on trouve cette formule : « Ainsi en a décidé la polis », ou plutôt : « Il a plu à la cité de Dréros de... ». On trouve déjà l'idée qu'il y a une *polis*, une communauté, avec, en même temps, l'indication que la cité a décidé qu'on ne pourrait pas renouveler une magistrature, lorsqu'on l'a occupée, avant un délai de dix ans. De même, un décret sur la Constitution de Chios, qu'on peut dater du début du VIᵉ siècle indique qu'il existe une *boule démosie* un conseil populaire, à côté peut-être d'une *boule* aristocratique. Enfin, il faut dire que si on en croit le texte qu'on appelle la grande *rhétra* de Sparte, vers 650, tel que Plutarque et Tyrtée le rapportent aussi, on voit que cette grande *rhétra* donne au *damos*, au peuple, le droit d'*antagoria*, c'est-à-dire de répliquer, de contredire ce que les membres du Conseil des vieillards, plus aristocratique, plus limité, peuvent décider. Non seulement ils ont ce droit de réplique, mais ils ont aussi *to cratos*, le pouvoir. C'est-à-dire qu'ici nous voyons ce pouvoir, qui est remis entre les mains du *damos*. Normalement, le *cratos*, c'est ce que possède le souverain. Pour comprendre, il faudrait faire ici, une analyse de cet ensemble de termes qui est rattaché à *cratos* et à *cratein*. Il y a, d'une part, un *cratos*, qui indique la prévalence, qui peut signifier le pouvoir, l'autorité, la maîtrise, soit dans un domaine militaire, soit dans tous les domaines, et il y a un *cratos*, qui veut dire dur, pénible. Il semble que ces deux thèmes soient liés. L'important est de voir la façon dont les Grecs représentent le pouvoir souverain, le *cratos*. Par exemple, dans la *Théogonie*, Zeus, après avoir vaincu les Titans, est chargé par l'ensemble des dieux de prendre en main la *basiléia*, et de distribuer à chacun ses lots, ses honneurs, ses portions ; ses *timai* et ses *moïrai*. Et lui, il est au-dessus de cette distribution ; il y préside et l'impose. Tout le poème indique en particulier ceci : lorsque commence la lutte sans merci entre les Titans et les Olympiens, une divinité, qui appartient à l'âge des Titans et qui s'appelle Styx, décide de jouer les transfuges en abandonnant les Titans et en se mettant du côté de Zeus. Elle amène avec elle Cratos, la suprématie, et Biè, la violence. C'est-à-dire que le pouvoir souverain, dans la langue, dans la pensée grecque, est envisagé comme une sorte de pouvoir brutal de domination, qui courbe autrui sous le joug. Je pense ici à une remarque à laquelle je me suis plusieurs fois référé parce que je la trouve très subtile, due à André-Georges Haudricourt, à la fois anthropologue, botaniste, historien des techniques et orientaliste. Il montrait que, dans la représentation de la souveraineté et du pouvoir de domination sur autrui, deux conceptions pouvaient s'opposer : celle des Chinois de la tradition classique et celle des Indo-Européens. Les Chinois, disait-il, sont des jardiniers et des agriculteurs. Par conséquent, ils considèrent qu'il faut dégager le terrain, l'aplanir, casser les mottes, pour que chaque plante puisse pousser suivant sa nature propre, suivant son essence. De sorte que le meilleur roi — les Chinois ne se gênent pas pour l'expliquer — est celui qui ne fait rien et qui n'a rien à faire, parce que tout pousse tout seul et parce que, par sa seule présence, il incarne l'équilibre des formes universelles, une espèce d'harmonie. Ainsi, le *mâna* qui émane de lui, pour ainsi dire, fait que chaque chose suit sa pente naturelle. Conception d'agriculteurs-jardiniers qui est différente de celle des Indo-Européens, disait Haudricourt. Pour les Indo-Européens, qui sont des éleveurs de bétail, le roi, le souverain est le pasteur des peuples, celui qui mène son troupeau. Alors il le mène avec un sceptre, qui est un bâton, qui sert en même temps à leur donner des coups sur les fesses, s'ils ne vont pas assez vite, et, en même temps, il leur impose le joug, le frein. C'est-à-dire que le pouvoir royal est vu comme Cratos et Biè, comme un pouvoir de plier sous soi et d'imposer sa violence à autrui. Mais Benveniste, dans *Le Vocabulaire des institutions indo-européennes*, fait des remarques qui montrent qu'il faut nuancer cette conception. Il n'y a pas, d'un côté, les agriculteurs chinois et, de l'autre, les Indo-Européens pasteurs. Benveniste montre bien, avec Dumézil, que le *rex* indien est beaucoup plus religieux que politique. Sa mission n'est pas de commander et d'exercer un pouvoir, mais plutôt de fixer des règles, de déterminer ce qui est droit, selon Benveniste, en sorte que le *rex* ainsi défini s'apparente bien plus à un prêtre qu'à un roi. Il note que les Celtes, les Italiques, d'une part, les Indiens, de l'autre, ont conservé cette catégorie de la royauté, liée bien entendu à l'existence de grands collèges de prêtres veillant à la stricte observance des rites. En Grèce, le roi n'est pas du tout cette quasi-divinité venue sur terre comme dans les lois de Manou. On y trouve un type de royauté qui s'oppose à la conception tant indienne que romaine. Le roi est défini non pas comme celui qui veille à une bonne exécution des rituels, sans lesquels la société ne peut pas prospérer, mais comme un *despotès*. Aristote écrira dans la *Politique* : « Le roi est avec ses sujets dans le même rapport qu'un chef de famille avec ses enfants. » Le même type de *cratos* se retrouve chez le roi, le père de famille et l'homme libre, dans son rapport à l'esclave. La domination a une valeur générale, indépendamment du personnage qui l'assume. La force de domination est en quelque sorte indépendante du personnage. Chez soi, l'homme est un *despotès*, par rapport à ses enfants, sa femme et ses esclaves, de même que les Barbares, s'il doit les commander. Il y a donc ce pouvoir qui marque une fondamentale inégalité de nature entre les êtres. Par conséquent le droit du *despotès*, comme le droit du père par rapport à ses enfants, est de leur tenir la dragée haute, et, dans la mesure où il n'y a plus de collèges de prêtres, on assiste à une sorte de laïcisation. Le pouvoir suzerain est vu avec cette espèce de réalisme, de positivité, comme un pouvoir imposé. Dès lors, dans une société guerrière et aristocratique comme celle des IXᵉ et VIIIᵉ siècles, le grand problème sera de neutraliser ce pouvoir qui, dans les mythes d'Hésiode, fondait l'ordre. Il incombera à la communauté de trouver le moyen de le neutraliser. Cela n'a pas été facile et n'a pas emprunté partout les mêmes voies ; mais fondamentalement, il s'est agi de trouver des institutions, des lieux, des pratiques fondés sur une égalité non pas de tous, mais d'un cercle défini : les citoyens. D'où la nécessité de dissocier les jeux du pouvoir de la règle de violence de Cratos et de Biè, et d'instaurer une réglementation, un contrôle du pouvoir et même, une façon de le dépersonnaliser, de le laïciser et, en même temps, de le neutraliser entièrement, ou de faire comme si on pouvait le neutraliser. Cette tendance apparaît très vite. Prenons, par exemple, au début du VIᵉ siècle, un personnage comme Solon, philosophe, poète et homme politique, qui est quasi contemporain de Thalès. On lui demande d'intervenir à une période où Athènes connaît de grands troubles. La cité est la proie de la *stasis*, la sédition, la rébellion. Le corps des citoyens est divisé contre lui-même. On demande alors à Solon de venir. Et il vient en tant qu'homme d'État, en tant que sage et poète, parce que sa poésie n'est pas indifférente ni étrangère à son action de réformateur. Solon fait alors venir avec lui une espèce de mage inspiré, Épiménide, qui récita publiquement ses poèmes pour calmer les esprits et pour que la fureur des uns et la colère des autres s'apaisent. Et il instituera en même temps des rites ; tout l'espace d'Athènes sera ainsi symboliquement marqué. Il part de l'Aréopage et lâche des brebis blanches et des brebis noires, qui se répandent sur tout l'espace de la ville. Partout où elles s'arrêtent, il faudra considérer que ce point de l'espace a une valeur religieuse. Si c'est une brebis noire, il faut faire un sacrifice à des puissances chthoniennes, si c'est une brebis blanche, cela signifie qu'il y a un dieu céleste et olympien qu'il faut respecter à cet endroit. On quadrille religieusement l'espace, pour que le bouillonnement des passions qui divisent la communauté s'apaise. Dans un de ses poèmes, Solon déclare qu'il va agir : il supprime les dettes et l'esclavage d'un certain nombre de petits paysans qui n'avaient pas pu payer leurs dettes. Il dit qu'il « rend la terre, la terre divine, libre », et il écrit qu'il n'a pas voulu agir *turannidos biei*, « par la violence tyrannique », mais par le *cratos* de la loi, *cratei nomou*. C'est là un changement considérable : l'idée que le vrai *cratos*, le pouvoir de domination, appartient à *nomos*, la loi. C'est-à-dire qu'on retrouve là, dans la pensée politique, ce que nous avions entrevu dans la pensée philosophique. Ce qui est fondamental n'est pas que le souverain fixe un ordre de rétribution ; c'est l'ordre de rétribution qui, lui, domine et contrôle le *cratos*, le pouvoir. Dans les deux cas, on a le même écho. En refusant la violence tyrannique, Solon agit par le *cratos* de la loi, ajustant, *sunarmosas bien kai dikèn*, « faisant que se combinent la violence et la justice ». On voit ici, à l'aube du VIe siècle, un poète, un voyageur et, en même temps, un homme refusant la tyrannie, qui va se tenir au centre de la cité « pour que ni ceux qui sont d'un côté ni ceux qui sont de l'autre ne puissent triompher et obtenir de vaincre injustement », *nikan adikos*. Mais nous le voyons ici réunir *cratos* et *nomos*, *biè* et *dikè*. Cratos et Biè étaient les deux acolytes de Zeus, Hésiode nous le dit, Cratos et Biè encadrent Zeus. Il ne peut pas faire un pas sans que les autres le suivent. Maintenant, *cratos* est lié à *nomos*, *biè* est lié à *dikè*. Cette association se fait en même temps sur le plan intellectuel et sur le plan institutionnel… Comme Anaximandre, Solon valorise cette idée d'un ordre égalitaire, qui fait que le monde ne va pas devenir tout entier feu ou tout entier eau, ou tout entier neige, ou tout entier air, mais que selon les saisons, le chaud va être plus important, puis le froid, ensuite l'humide et le sec. C'est-à-dire qu'il y a un ordre de compensation, qui est l'*archè*, le principe, qu'il appelle *apeiron*, pour des raisons sur lesquelles je n'insiste pas. On n'a plus Gaïa, Ouranos, Zeus, ou Poséidon ; tous ces dieux ont disparu de la scène de la pensée philosophique. Notons comment Solon procède de la même façon, au niveau de la pensée civique et politique. Il écrit : « La force, *ménos*, la violence, de la neige et de la grêle vient du nuage et le tonnerre est produit par l'éclair brillant, mais la cité périt à partir des hommes trop grands qu'elle a. »

215

S'il y a des gens qui sont bien au-dessus des autres, c'est mauvais. Tout le monde doit avoir à peu près la même taille. Là encore nous voyons une conception tout à fait positive ; les phénomènes sont reliés au niveau de ce que je vois. Il se passe la même chose pour les cités. La cité est détruite si les hommes sont trop grands. Et il ajoute : « C'est son ignorance qui mène le peuple à l'esclavage d'un pouvoir unique. » Soumis à un pouvoir unique, le peuple cesse d'être libre pour devenir esclave. Rien de mystérieux dans ce processus qui s'opère pour des raisons toutes positives. Voilà pourquoi lui, le nomothète, va régler l'harmonie de la cité, qui est divisée, parce que les riches et « ceux qui sont trop grands » ne savent pas mettre un frein à leurs ambitions, à leur volonté de pouvoir, parce que les pauvres veulent prendre tout aux riches… Et lui, Solon va représenter *nomos kai dikè*, une juste répartition, et au centre de la cité. « Comme un bouclier, dit-il, il va repousser les deux meutes. Il empêchera ainsi une victoire injuste : *nikan adikôs.* »

C'est exactement ce que racontait Anaximandre. Je cite un des rares fragments que nous possédions d'Anaximandre. Il parle des éléments, le chaud, le froid, etc., ces éléments qui sont déjà conçus comme des puissances, des *dunameis* quasi divines, parce que le monde est divin pour les Grecs. Et il est divin pour les philosophes et les physiciens, autant que pour les théologiens. À partir de ces *dunameis*, il y a donc naissance et, en même temps, ruine des choses, qui se produisent suivant un ordre de nécessité. Car « les choses diverses doivent se rendre justice les unes aux autres et se payer réparation des injustices qu'elles ont commises à l'égard les unes des autres ». Par exemple, en été, le feu, le chaud, le sec avancent trop loin et empiètent. Ils font des injustices par rapport au froid et à l'humide. Mais, avec le cours du temps, ils sont obligés de payer la *poinè*, l'amende, de rendre justice à ceux qu'ils ont lésés, en reculant d'autant qu'ils avaient avancé. C'est-à-dire que le cosmos humain et le cosmos physique sont conçus véritablement comme un ordre.

Deuxième question : comment ces choses s'instituent-elles ? En particulier, comment voit-on apparaître l'idée d'un espace public, d'un espace de débat avec des pratiques définies et d'un espace qui institue dans une communauté la conscience de cette communauté, en même temps que s'instaure la pratique d'une décision majoritaire au terme du débat ? Communauté, publicité, égalité des citoyens... Comment la liaison s'est-elle faite ? Par rapport à ce que nous savons d'Assur, de Babylone ou de l'Égypte, l'invention des Grecs est extraordinaire : c'est en effet étonnant, voire farfelu, pour un groupe, de dire : nous formons un groupe d'égaux. Cela signifie que nous allons régler *ta koina*, les affaires communes, ensemble, par une décision commune. Le monde va commencer à se diviser entre choses communes, affaires publiques et affaires privées. Dans sa maison, chacun est maître de ses décisions, personne ne doit y mettre le nez. Mais il y a un monde immense pour les Grecs, différent suivant les cités, plus grand encore à Sparte qu'à Athènes, d'affaires considérées comme communes et où personne ne doit prendre la décision à la place d'un autre, où l'on considère le groupe en tant que groupe, communauté humaine dans sa totalité d'individus semblables les uns aux autres. Le Grec les appelle *isoi*, égaux, ou *homoioi*, semblables, interchangeables. C'est cette communauté qui, à l'assemblée, doit prendre le *cratos* en main. De telle sorte que la seule violence soit celle de la décision qui a été prise et qui est devenue *nomos*, la loi. Cela se comprend mieux quand on pense au fait que, chez ces guerriers tels qu'on peut les voir chez Homère, dans ces petits royaumes et ensuite dans ces petites cités peu nombreuses, les gens ont une conception aristocratique de l'existence et de la personnalité. Ces hommes ne veulent pas être dominés. Songeons à l'*Iliade* : Agamemnon, qui a dû rendre sa concubine (sur l'ordre d'Apollon intervenant en faveur de son prêtre, père de la jeune fille), exige en dédommagement Briséis, la concubine d'Achille. Agamemnon est le roi des rois. Il est le *basileutatos*, le plus royal parmi les rois. Mais, attention, voilà déjà la grande différence : un mot comme *anax*, qu'on trouvait déjà en mycénien, est un nom absolu. On est *anax*. Mais en grec, *basileus* comprend un comparatif et un superlatif : on est plus roi qu'un autre. Agamemnon, lui, est le *basileutatos*, le plus roi de tous. Mais les autres aussi sont des rois. Parce que, dans ce monde homérique, la société n'est pas une société du type asiatique où le roi joue le rôle d'intermédiaire entre les dieux et les hommes et où tous les autres hommes forment une hiérarchie qui lui est soumise. Il y a une série de pôles de pouvoir différents. Chacun de ces pôles supporte très mal d'être soumis à la domination de l'autre. Très vite, on voit apparaître une série d'indications et de formules qui sont parlantes. En voici quelques-unes. Ces formules consistent à dire que des personnages ont décidé, à un moment donné, de déposer le *cratos*, le pouvoir de souveraineté dans cette communauté, au centre, *en mesoi*. Prenons par exemple Hérodote, il raconte (vers 522) ce qui s'est passé avec un certain Maiandrios. Il dit que *to cratos*, le pouvoir, lui était échu parce que Polycrate le lui avait donné et qu'il était mort. On connaît le discours qu'il fait à ses concitoyens : « Je peux aujourd'hui régner sur vous, *archein*. Mais, pour mon compte, j'éviterai autant que je pourrai de faire moi-même ce que je reproche à autrui ; car Polycrate n'avait pas mon approbation quand il régnait en despote *[despozon]*, sur des hommes qui étaient ses égaux, *homoioi*, "ses semblables". [...]. Moi, déposant le pouvoir au centre, je proclame pour vous l'égalité [isonomie], "l'isonomie, l'égalité devant le nomos" [...] et je vous octroie la liberté. » Que veut-il dire ? Je ne veux pas vous dominer parce que vous êtes mes semblables, *homoioi*. Par conséquent, je vous octroie la liberté, je vous reconnais l'*isonomia*. Et pour cela, je dépose le *cratos es meson* ou je fais qu'il gise *en mesoi*, au centre. Il existe bien d'autres textes qui disent la même chose, et dont certains sont même plus anciens.

Dès lors qu'il est placé au centre, le pouvoir n'appartient plus à personne ; il est dépersonnalisé, socialisé, laïcisé. L'origine de cette formule, si éclairante sur la neutralisation du *cratos* par son dépôt au centre, doit être cherchée dans des pratiques que la poésie archaïque, notamment celle d'Homère, nous révèle. En particulier, le fait que, chez Homère, l'assemblée des guerriers, le butin, les prix des concours, les biens, la dévolution des propriétés obéissent à un certain nombre de règles qui traduisent la même conception, la même valeur publique et commune

218

du centre. Lorsqu'un butin a été rassemblé, tout est mis au centre, au milieu. L'armée se met en cercle autour du butin. Elle fait ce *kuklos* sacré, qui est l'agora. Le mot *agora* veut dire à la fois assemblée et jeu, parce que les gens ont été rassemblés. Quand les gens ne sont plus sous les armes, ceux qui ont le statut de guerrier font le cercle de la même manière que ceux qui auront, plus tard, le statut de citoyen. Ils sont tous à égale distance de ce point où est déposé le butin. Commence alors une opération qui se fait en deux temps, comme pour le sacrifice. Il y a, d'une part, des parts d'honneur, données au héros les plus glorieux, qui sont prélevées sur ce butin. Ensuite, le butin qui reste n'appartient plus à personne, parce qu'il appartient à tous. Il a été mis en commun : on va alors le distribuer égalitairement entre tous les combattants. Le résultat, on le voit bien, c'est qu'Agamemnon a volé à Achille sa part d'honneur, Briséis, et qu'il veut ensuite réparer, parce qu'il s'aperçoit que c'est une catastrophe. Les Grecs se font écraser et Achille regarde leur déroute de sa tente, sans vouloir bouger. Il faut le convaincre de revenir au combat. Agamemnon lui propose des cadeaux. Achille refuse. Pourquoi ? Ici, il faut distinguer deux choses bien différentes. Le fait que tout ce qui relève du don et du geste du don, dans ces sociétés archaïques, consiste à mettre le cadeau dans la main de votre obligé. Donc, Agamemnon ne peut pas remettre directement à Achille les cinquante trépieds, les chevaux, les servantes et tous les bijoux qu'il propose. Ce geste de don, qui se dit « placer dans les mains », implique, du fait qu'une chose a été offerte, la gratitude de la part de celui qui a reçu à l'égard de celui qui a donné. L'objet qui passe d'un personnage à un autre n'est pas neutre, il tisse un lien de dépendance entre l'obligé et le donneur. C'est la *charis,* qui implique une contre-*charis.* Car le don, comme Mauss l'a bien montré, est susceptible d'assujettir la personne qui reçoit, laquelle est amenée à se délier de ce don. Par conséquent, Achille ne peut recevoir d'Agamemnon sa part de butin. Que se passe-t-il alors ? Les Myrmidons d'Achille vont prendre tous les cadeaux dans la tente d'Agamemnon. Mais ils ne les rapportent pas directement dans la tente d'Achille. Ils les mettent *en meso agores*, au milieu de l'assemblée. Ils font retour au butin. En faisant retour au butin, on coupe les liens personnels qui unissent tel trépied, telle servante, tel cheval à son premier possesseur. Si bien que, lorsque Achille va saisir ces biens, ces biens seront totalement à lui et ne créeront pas de lien de dépendance. Le butin est donc mis *en mesoi*, parce que c'est un moyen de le rendre commun, public et de le dépersonnaliser.

Les choses se déroulent de la même façon dans les jeux, par exemple les jeux funéraires en l'honneur de Patrocle. On procède à la crémation du mort selon le rituel, puis on organise des jeux, des courses de chevaux, des courses à pied, des matches de boxe : les jeux funéraires. Bien entendu, celui qui organise ces jeux dispose de prix. Mais il ne va pas les remettre directement. Il demande qu'on forme un cercle et il dépose les prix *en mesoi*. De la sorte, ces prix ne lui appartiennent plus. Ils sont sous le regard du public et deviennent communs. Celui qui gagnera la course ira lui-même prendre son prix sans se trouver dans un état de dépendance à l'égard de celui qui l'a déposé. En outre, il prend une chose qui était commune, il se l'approprie, et cette appropriation, cette saisie — il la prend dans la main — se fait sous l'œil de tous. Un contrôle social s'exerce ainsi à chaque moment de cette affaire : la communauté est toujours présente. Autrement dit, le prix est recueilli dans un espace commun, libre de toute attache à un particulier. Il est déposé dans un lieu qui n'est à personne et qui, dans le même temps, reste d'un bout à l'autre contrôlé et réglementé par tous.

Déjà dans le monde guerrier de l'*Iliade*, quand on convoque une assemblée, tous les guerriers accomplis forment un cercle, et se trouvent tous à égale distance du centre. Et déjà, chez Homère, il y a l'habitude de considérer que chacun à tour de rôle peut et doit entrer dans le cercle, se mettre lui-même *en mesoi*. Une fois là, le héraut lui remet le sceptre, lequel est beaucoup moins le symbole d'un pouvoir, d'un *cratos* ou d'une violence de souverain, que le signe de la communauté. Ce sont les ambassadeurs qui ont d'ordinaire le sceptre et qui se placent sous la protection d'une loi commune. En prenant en main le sceptre, qui lui donne la parole, le guerrier parle non pas de ses affaires personnelles, mais obligatoirement de *ta koina*, des affaires communes du groupe. Par conséquent, le centre du cercle, lieu public et dépersonnalisé, est réservé à une série de débats que nous appelons politiques, puisqu'il y est question de ce qui concerne l'intérêt commun dans les cités : les décisions de guerre et de paix, l'envoi des ambassadeurs, les lois... Quant aux lois qui seront décrétées en ce lieu, elles débuteront toujours par la formule : « Il a plu aux Athéniens que... ». Dans ce contexte, la cité, la *polis*, est moins vue comme une institution que comme l'ensemble de ceux qui composent la communauté. C'est cette communauté qui peut souverainement décider. C'est la loi qui a maintenant la *basiléia*, la loi est le roi, le souverain. Il n'y a plus de souveraineté personnelle, particulière, c'est la communauté qui est, en quelque sorte, investie tout entière par la responsabilité d'une décision souveraine. Ces décisions comportent toutefois un aspect religieux qu'elles conservent pendant toute la période antique, d'abord parce que l'ouverture, la fermeture et la purification du lieu impliquent des rites religieux, ensuite parce que cette loi est vue comme le reflet d'une justice divine. L'homme grec et la cité grecque ne se sentent pas coupés du cosmos. Ils en sont une partie. Il existe un ordre universel. Mais le Grec est persuadé que c'est seulement en étant membre d'une communauté qu'il a le droit de parler, de participer à la discussion, et le devoir de régler d'abord les choses divines qui concernent la cité. On va décider, par exemple, qu'il faut faire un sacrifice à tel dieu ou même qu'on peut introduire tel dieu étranger. Les dieux, la religion sont eux-mêmes politiques. Il y a du religieux dans le politique et le religieux a lui-même une dissension politique. Au fond, les dieux sont des citoyens. Ils défendent les intérêts de la cité et y sont intéressés.

Pour le Grec, c'est seulement quand on est membre d'une communauté de ce type qu'on est un homme, au sens propre du terme. Si on n'est pas libre, si on est barbare, esclave, enfant ou femme, on ne l'est qu'à moitié. C'est-à-dire que, comme souvent dans l'histoire, cet incroyable changement, cette incroyable avancée qui institue une communauté humaine comme maîtresse des choses les plus importantes ne peuvent avoir lieu qu'en limitant à un cercle plus ou moins étroit, selon les institutions, les membres de cette communauté. Autrement dit, inventer le citoyen libre, c'est inventer en même temps l'esclave : établir un statut où ceux qui ne font pas partie de cette communauté civique ne sont pas seulement rejetés de la cité, mais également de l'humain, d'une certaine façon. On est homme seulement si on se trouve en quelque sorte placé autour de ce centre où ont été exorcisées les violences et les injustices d'un pouvoir tyrannique. Par conséquent, comme souvent, le pas en avant, qui a été fait très différemment suivant les cas, implique d'abord que ceux qui ne font pas partie de cette communauté civique ne peuvent accéder au centre. Il y a aussi peut-être autre chose, qui nous ramène à la notion de « démocratie ». C'est que, dans un tel système, toute décision politique prise au centre, dans cet espace public qui n'appartient à personne, implique obligatoirement un débat, donc au moins deux partis. Donc cette liberté de débat, cette *iségoria,* ce droit de libre parole impliquent qu'à un moment donné la cité se divise en minorité et majorité. La minorité subit alors le *nomos,* sous la forme de *biè,* de la violence qui lui est faite. Et, d'une certaine manière, toute l'histoire des cités est l'histoire de ces violences, de ces luttes, en particulier des luttes entre les riches et les pauvres. Parmi les solutions trouvées, le cas d'Athènes est un bon exemple. La richesse des riches dans le monde antique sert essentiellement à financer les pauvres par le biais de la liturgie. Toutes les grandes fonctions de l'État sont octroyées à de très riches familles qui assurent tous les frais y afférents. Le Trésor public paiera ensuite ceux qui siègent aux tribunaux, qui participent à l'assemblée délibérative et qui viennent au théâtre. Il y a donc, d'une certaine façon, redistribution des richesses, comme le voulait Solon : « se tenir comme un bouclier au centre », faire en sorte que le centre n'éclate pas par les violences des uns et des autres ; ce qui se réalise, bon an mal an, avec plus ou moins de bonheur. Mais quelquefois fort mal : il y eut des périodes extrêmement dures. De la même façon qu'on ne peut inventer la liberté du citoyen sans inventer en même temps la servitude de l'esclave, on ne peut pas instituer la rationalité du libre débat, de l'esprit critique, sans, en même temps, faire que, dans et par le débat, les discours s'opposant avec passion, ne surgisse la menace d'un déchaînement de violences qui mettront à bas *nomos* et *dikè*, cette loi et cette justice dont on pensait qu'elles préserveraient la communauté de la tyrannie d'un pouvoir sans contrôle.

Bibliographie sommaire*

Jean Bottéro, *Mésopotamie. La raison, l'écriture et les dieux*, Gallimard, 1986.
— *Naissance de Dieu. La Bible et l'historien*, Gallimard, 1986 ; coll. Folio, 1992.
— *Lorsque les dieux faisaient l'homme... Mythologie mésopotamienne*, avec Samuel Noah Kramer, Gallimard, 1989.

Arthur Christensen, *L'Iran sous les Sassanides*, éd. Zeller, 1971 (reprint de l'éd. de 1944).

M.-J. Deshayes, *Le Plateau iranien et l'Asie centrale des origines à la conquête islamique : leurs relations à la lumière des documents archéologiques*, éd. du CNRS, 1978.

Marcel Détienne (dir.), *Les Savoirs de l'écriture en Grèce ancienne*, Presses universitaires de Lille, 1992.

Jean-Marie Dentzer et Winfried Orthmann, *Archéologie et histoire de la Syrie II, La Syrie de l'époque achéménide à l'avènement de l'Islam*, Saarbrücker Druckerei und Verlag, 1989.

Israel Eph'al, *The Ancient Arabs. Nomads on the Borders of the Fertile Crescent, 9th-5th Centuries B. C.*, The Magnes Press, Jérusalem, Brill, Leiden, 1982.

James Février, *Histoire de l'écriture*, Payot, 1948 ; Grande Bibliothèque Payot, 1995.

* établie par François Zabbal.

225

Jack Goody, *La Raison graphique. La domestication de la pensée sauvage*, traduction et présentation par Jean Bazin et Alban Bensa, Éditions de Minuit, 1979.
— *La Logique de l'écriture. Aux origines des sociétés humaines*, Armand Colin, 1986.
— *L'Homme, l'écriture et la mort*, entretiens avec Pierre-Emmanuel Dauzat, Les Belles-Lettres, 1996.

Gherardo Guoli, *De Zoroastre à Mani : quatre leçons au Collège de France*, Klincksieck, 1986.

Clarisse Herrenschmidt, « Le Tout, l'énigme et l'illusion », in *Le Débat*, n° 62, p. 95-118.

Jean-Louis Huot, *Iran I : des origines aux Achéménides*, Nagel, 1970.

Vladimir G. Lukonin, *Iran II : Des Séleucides aux Sassanides*, Nagel, 1967.

Henri-Jean Martin, *Histoire et pouvoirs de l'écrit*, nouvelle édition avec la collaboration de Bruno Delmas, Albin Michel, coll. L'Évolution de l'humanité, 1996.

L. de Meyer, H. Gasche, F. Vallat (éd.), *Fragmenta historiae classicae : Mélanges offerts à J.-M. Stève*, éd. Recherches sur les civilisations, 1986.

Hélène Lozachmeur (éd.), *Présence arabe dans le Croissant fertile avant l'Hégire*, éd. Recherches sur les civilisations, 1995.

Maurice Olender, *Les Langues du paradis. Aryens et Sémites : le couple providentiel*, Seuil/Points, 1989.

André-Louis de Prémare (dir.), « Les premières écritures islamiques », *Revue du monde musulman et de la Méditerranée*, n° 58, Édisud, 1990.

Christian Robin (dir.), « L'Arabie antique de Karab'îl à Mahomet », *Revue du monde musulman et de la Méditerranée*, n° 61, Édisud, 1992.

Hélène Sader, *Les États araméens de Syrie depuis leur fondation jusqu'à leur transformation en provinces assyriennes*, éd. F. Steiner, Wiesbaden, 1987.

Jean-Pierre Vernant, *Mythe et pensée chez les Grecs. Étude de psychologie historique*, Maspero, 1965 ; La Découverte, 1985.
— *Mythe et société en Grèce ancienne*, Maspero, 1974 ; La Découverte, 1988.
— *Mythe et religion en Grèce ancienne*, éd. du Seuil, 1990.

Table

GILLES LAPOUGE
Utopie et civilisations

SERGE LECLAIRE ET L'APUI
État des lieux de la psychanalyse

HENRI MALER
Convoiter l'impossible. L'utopie avec Marx, malgré Marx

HANS MAYER
*Les Marginaux. Femmes, juifs et homosexuels
dans la littérature européenne*

PATRICK MICHEL
Politique et religion. La grande mutation

FRANÇOIS PERRIER
La Chaussée d'Antin

JACQUES ROGER
Pour une histoire des sciences à part entière

LOUIS SALA-MOLINS
Sodome. Exergue à la philosophie du droit

DARYUSH SHAYEGAN
Qu'est-ce qu'une révolution religieuse ?

DANIEL SIBONY
Du vécu et de l'invivable. Psychopathologie du quotidien

GEORGE STEINER
Après Babel

DOMINIQUE URVOY
Les Penseurs libres dans l'islam classique

COLLOQUE DE CERISY
La Terre et le Souffle. Rencontre autour de Claude Vigée

COLLOQUE DE LA VILLETTE
Les Paradoxes de l'environnement

La composition de cet ouvrage
a été réalisée par Nord Compo,
l'impression et le brochage ont été effectués
sur presse CAMERON dans les ateliers de
Bussière Camedan Imprimeries
à Saint-Amand-Montrond (Cher),
pour le compte des Éditions Albin Michel.

Achevé d'imprimer en août 1996.
N° d'édition : 15562. N° d'impression : 4/654.
Dépôt légal : août 1996.